my News explica!

Astronomia

Cássio Barbosa

70

myNews explica!

Astronomia

Cássio Barbosa

70

MYNEWS EXPLICA ASTRONOMIA

AUTOR: Cássio Barbosa

DIRETOR DA ALMEDINA BRASIL: Rodrigo Mentz
EDITOR: Marco Pace
COORDENADORA DA COLEÇÃO MYNEWS EXPLICA: Mara Luquet
PRODUTORA EDITORIAL: Erika Alonso
ASSISTENTES EDITORIAIS: Letícia Gabriella Batista e Tacila da Silva Souza
REVISÃO: Sol Coelho e Clara Diament

DIAGRAMAÇÃO: Almedina
DESIGN DE CAPA: Roberta Bassanetto
IMAGEM DE CAPA: Sérgio Otarola

ISBN: 9786554272193
Fevereiro, 2024

Dados Internacionais de Catalogação na Publicação (CIP)
(Câmara Brasileira do Livro, SP, Brasil)

Barbosa, Cássio
MyNews Explica astronomia / Cássio Barbosa.
São Paulo : Edições 70, 2024.

Bibliografia.

ISBN 978-65-5427-219-3

1. Astronomia 2. Sistema solar 3. Universo
I. Título.

23-184088 CDD-520

Índice para catálogo sistemático:

1. Astronomia 520

Tábata Alves da Silva – Bibliotecária – CRB-8/9253

Este livro segue as regras do novo Acordo Ortográfico da Língua Portuguesa (1990).

EDITORA: Almedina Brasil
Rua José Maria Lisboa, 860, Conj. 131 e 132, Jardim Paulista | 01423-001 São Paulo | Brasil
www.almedina.com.br

Para Carol,
por me mostrar o universo através de seus olhos.

Agradecimentos

Este livro teve o apoio de inúmeras pessoas. Cada uma a seu tempo e a seu modo, ajudou a levá-lo até as suas mãos. Dentre elas, Salvador Nogueira merece uma reverência especial. Em uma noite de Libertadores, nas cadeiras do estádio do Morumbi, ele me convidou para iniciar um blog de astronomia no portal G1 e que viria a durar mais de uma década. Das numeradas do Morumbi até suas mãos, muitos anos se passaram, um longo caminho foi percorrido e vários títulos foram conquistados. Este livro é fruto desse convite inesperado. Outro agradecimento especial se faz ao meu amigo de todos os tempos Roberto Baginski que sempre me apoiou e incentivou.

Por fim, não posso deixar de agradecer meus alunos e estudantes, em especial as crianças da escola Alef Peretz. A curiosidade e a vontade de conhecer o tema renovaram minha vontade de ensinar.

Sumário

1
Uma Jovem Senhora

Se não fosse um poeta, eu seria um astrônomo.

— Vliemir Maiakovski, poeta russo

A astronomia é a mais antiga das ciências e deve existir desde que algum hominídeo antigo notou a alternância entre o dia e a noite e começou a fazer registros das fases da Lua. Um colega meu costumava a se referir à astronomia como uma jovem senhora de cinquenta séculos.

Além de uma jovem senhora, também é considerada a mãe de várias ciências, como a matemática e a própria física. Antigos astrônomos sumérios desenvolveram técnicas para calcular a posição futura de planetas no céu, bem como criaram um sistema para contabilizar o tempo que se encaixava no movimento de rotação da Terra. Galileu Galilei, cientista italiano, postulou sobre a periodicidade de oscilações observando o candelabro de uma catedral, mas também o movimento orbital dos satélites de Júpiter. Mais tarde, Isaac Newton descreveu a sua lei da gravitação universal, associando o movimento da queda de uma maçã ao movimento orbital da Lua. A mais recente filha da astronomia chama-se astrobiologia: uma ciência multidisciplinar, como sua própria mãe, que estuda como a vida pode surgir e se desenvolver no universo. Além da própria biologia, essa ciência ainda pode envolver geofísica, química, geologia e até mesmo meteorologia.

A astronomia é uma ciência por si só, mas é também um termo "guarda-chuva" usado para cobrir toda e qualquer referência aos astros. Na maioria das vezes, o termo mais correto seria astrofísica, a parte da astronomia que descreve a física envolvida nos processos observados em astros, como estrelas e galáxias, por exemplo. Outro caso interessante advém da evolução tecnológica. Por ser a astronomia uma ciência que estuda objetos sem poder alcançá-los, não é possível obter uma amostra de uma estrela para estudá-la em laboratório. Contudo, isso mudou muito quando falamos de objetos do Sistema Solar. A Lua, planetas como Marte e Vênus, além de Titã, a maior lua de Saturno, asteroides e cometas já foram visitados por seres humanos e/ou sondas espaciais. Em alguns casos, material é recolhido e trazido à Terra para estudos. Nessas situações, o termo mais apropriado seria ciência planetária ou geofísica planetária. Certo ou errado, astronomia é um termo muito mais charmoso e até poético, por isso ficaremos com ela no decorrer deste livro, fazendo a distinção para o termo mais apropriado quando for a hora.

1.1. Da terra ao céu

A contemplação das estrelas e dos planetas tinha uma função fundamental para a sobrevivência dos povos: prever o futuro. Astrônomos tinham o status de sacerdotes e eram responsáveis por elaborar os calendários, estabelecendo o início e o fim das estações do ano. Portanto, era responsabilidade deles informar ao rei, imperador ou faraó quando se

Figura 1: *Geoglifo de Calçoene, no Amapá, localizado no Parque Arqueológico do Solstício. Os blocos de granito foram entalhados e distribuídos de modo a marcar o início do inverno no hemisfério norte. A estrutura é conhecida popularmente como Stonehenge Amazônico.*

Fonte: https://commons.wikimedia.org/wiki/File:Cal%C3%A7oene,_Stonehenge_brasileira,_Amap%C3%A1.jpg. Acesso em: 12 dez. 2023.

iniciariam a estação da seca, o período de temperaturas baixas e o fim das chuvas — dessa forma, o governante poderia determinar quando plantar, quando colher e quando seria necessário racionar água. Mais ainda, excedentes poderiam ser trocados com outros povos, suprindo os súditos com outros produtos. Por outro lado, a escassez de comida traria a fome, com o risco de iniciar revoltas populares, levando reinados ou impérios ao fim.

Anotações diárias e precisas das posições de estrelas, dos planetas, do Sol e da Lua também contribuíram bastante para que os astrônomos entendessem seus movimentos, estabelecendo períodos, como dias, meses e anos, que até hoje usamos no nosso cotidiano. Ao acumular séculos de observações precisas, astrônomos antigos compreenderam a natureza e a regularidade dos eclipses, creditando a eles uma causa natural do posicionamento relativo da Terra, da Lua e do Sol no espaço. Entre povos que não haviam desenvolvido a contemplação do céu a esse nível, eclipses eram tratados como fenômenos sobrenaturais. Cometas que apareciam sem aviso prévio e estrelas que surgiam de repente, para sumirem após algum tempo, eram ainda mistérios a serem resolvidos alguns milênios adiante, e a história conta alguns casos de astrônomos perdendo o emprego (e a vida) por não terem sido capazes de prever eventos assim.

Além de determinar calendários e os ciclos das estações, os céus guardavam (e ainda guardam) relatos de aventuras épicas, romances e tragédias. Quem olha uma carta celeste hoje se depara com figuras mitológicas como um cavalo alado, uma linda princesa acorrentada pela mãe, um escorpião caçando um caçador que, a depender da época do ano, poderia estar fugindo ou perseguindo o mesmo escorpião. Entre outras histórias. Todas essas lendas foram impressas no céu de forma a não serem esquecidas, e foram transmitidas para as gerações seguintes. É interessante notar que cada povo enxergava o mesmo céu, o mesmo conjunto de estrelas e nebulosas de maneiras bem diferentes, com visões moldadas por heranças culturais distintas. Enquanto os gregos antigos enxergavam a figura mitológica de um centauro e uma cruz, índios tupis no Brasil enxergavam um imenso nhandu, ave mais conhecida como ema. Gregos antigos viam a mancha esbranquiçada com trechos escuros que cruza o céu no nosso inverno como o caminho do leite espirrado do seio de Juno, quando Júpiter colocou seu filho Hércules, concebido com uma reles mortal, para ser amamentado enquanto ela dormia. Índios tupi que nunca souberam das estripulias de Júpiter, ou qualquer deidade grega, enxergavam o caminho lamacento pisoteado por antas ao luar. A alternância entre regiões esbranquiçadas e escuras da Via Láctea era chamada de Tapirapé, o caminho das antas.

1.2. O renascimento da astronomia

Durante mais de 5 mil anos, astrônomos fizeram suas observações com o que tinham de melhor: seus olhos. Não obstante, a resiliência e o cuidado para medir posições precisas fizeram com que os catálogos de estrelas produzidos por Hiparco e Ptolomeu, por exemplo, fossem usados por vários séculos. Mais importante: como foram compilados a partir de observações muito precisas, qualquer variação de posição ou de brilho registrada quando os catálogos fossem revisitados, séculos depois, não poderia ser atribuída a erros anteriores. Com isso, além da variabilidade de estrelas como Algol e Mira Ceti, que necessitam de anos de observações e da periodicidade de eclipses — exigindo décadas de anotações rigorosas —, os astrônomos antigos conseguiram verificar a existência de um movimento bastante peculiar da própria Terra, a precessão dos equinócios.

O eixo de rotação da Terra não tem uma orientação fixa no espaço, mas executa um movimento circular em torno de um ponto imaginário conhecido como polo eclíptico. Podemos localizar no céu a projeção do eixo de rotação do nosso planeta, como se ele "furasse o céu". Esse ponto é chamado de polo celeste. Assim, todas as estrelas executam um movimento aparente em torno dos polos celestes, o que pode ser conferido em imagens de longa exposição. As estrelas vão parecer trilhas circulares tendo o polo celeste como centro. O polo norte celeste hoje é ocupado pela estrela Polar, enquanto o polo sul celeste é ocupado pela Sigma do Oitante, uma estrela menos conhecida. As coisas nem sempre foram assim: mil anos atrás não havia nenhuma estrela de destaque marcando as posições dos polos celestes. Para notar esse sutil movimento, é preciso acumular mais de mil anos de observações exatas quanto às posições de muitas estrelas.

Observações precisas e confiáveis feitas por Tycho Brahe foram determinantes para que Johannes Kepler estabelecesse suas três leis de movimento planetário entre 1609 e 1619: corpos celestes percorrem órbitas elípticas com o Sol ocupando um dos focos; uma linha ligando o Sol a um corpo celeste que o orbita varre áreas iguais em intervalos de tempo iguais, e o quadrado do período orbital de um corpo celeste é proporcional ao cubo da distância do semieixo maior de sua órbita elíptica. Os dados observados e compilados por Brahe e Kepler — que trabalhou como assistente de Brahe em seu observatório — eram tão precisos que impediram Kepler de

Figura 2: *Tycho Brahe (esquerda), Johannes Kepler (centro) e Galileu Galilei (direita), três dos maiores astrônomos da história que, juntamente com Copérnico, promoveriam uma revolução científica sem precedentes.*

Fontes: https://en.wikipedia.org/wiki/Tycho_Brahe#/media/File:Jacques_de_Gheyn_Ii_-_Portrait_of_Tycho_Brahe,_astronomer_(without_a_hat)_-_Google_Art_Project.jpg (Tycho Brahe); https://en.wikipedia.org/wiki/Johannes_Kepler#/media/File:JKepler.jpg (Johannes Kepler); https://en.wikipedia.org/wiki/Galileo_Galilei#/media/File:Galileo_Galilei_(1564-1642)_RMG_BHC2700.tiff (Galileu Galilei). Acesso em: 12 dez. 2023.

ajustar órbitas circulares para os planetas, como era a crença da época. Especialmente para a órbita de Marte, que dentre os planetas, é a que mais se desvia de uma órbita circular.

Se descrever o universo era uma tarefa de contemplação e compilação resiliente de dados, em 1608, mais ou menos, as coisas começaram a mudar. Por essa época, um fabricante de óculos holandês, de nome Hans Lippershey, tentou sem sucesso patentear um instrumento composto de duas lentes alinhadas. Este instrumento, chamado de luneta militar ou monóculo de marinheiro, tinha uma aplicação estratégica fantástica, pois ampliava objetos distantes, permitindo identificar navios ao largo, antecipando um ataque. A notícia sobre esse instrumento se espalhou rápido e chegou a Galileu, que replicou o objeto, implementando algumas melhorias. Ao contrário de Lippershey, que pretendia apenas apontar para o horizonte procurando forças inimigas, Galileu teve a audácia de apontar sua luneta para o céu.

Assim nasce a astronomia moderna.

Galileu foi responsável por descobrir que a mancha leitosa da Via Láctea é composta de milhões de outras estrelas, observou e registrou crateras na Lua, manchas no Sol, percebeu que havia uma estrutura em volta de Saturno que dava ao planeta um aspecto ovalado e descobriu que quatro corpos celestes giram ao redor de Júpiter, formando um minissistema solar. E foi mais além: suas observações demonstrando que Vênus tem fases como a Lua foram cruciais para determinar, enfim, que a Terra não era o centro do universo, mas, sim, girava em torno do Sol como os demais planetas. A descoberta das fases de Vênus é um argumento fundamental para a aceitação do modelo heliocêntrico proposto por Nicolau Copérnico em 1543, já que seria

Figura 3: *Matemático e astrônomo polonês Nicolau Copérnico, responsável pela maior revolução científica da história ao propor que o Sol estava no centro do universo, no caso o Sistema Solar. A revolução copernicana teve impacto até no psicológico humano.*

Fonte: https://en.wikipedia.org/wiki/Nicolaus_Copernicus#/media/File:Nikolaus_Kopernikus.jpg. Acesso em: 12 dez. 2023.

impossível de acontecer se o Sistema Solar estivesse centrado na Terra, como preconizava o modelo geocêntrico da época.

Além de suas enormes contribuições em astronomia, física, engenharia e matemática, Galileu sedimentou as bases do método científico, adotado até hoje pelas mais variadas ciências. Basicamente, o método científico determina que qualquer afirmação precisa ser provada antes de ser aceita como uma hipótese correta. Para tanto, devem-se fazer experimentos, observações ou deduções matemáticas reprodutíveis por qualquer cientista que queira também investigar a afirmação inicial. O método também inclui a etapa de deixar públicos os resultados da investigação, permitindo, entre outras coisas, que possam ser testados e/ou utilizados por outros cientistas. Galileu fazia tudo isso, publicando seus resultados e evitando o uso do latim, linguagem científica da época, mas inacessível para a grande maioria das pessoas. Com isso, ainda se tornou um pioneiro na divulgação científica.

Copérnico, Kepler e Galileu foram os principais artífices de um movimento conhecido como Revolução Copernicana, que deu às ciências um caráter investigativo e crítico, abandonando o método aristotélico de proposições sem demonstrações ou provas. Quando Newton, anos depois, disse que conseguira enxergar tão longe porque estava sobre o ombro de gigantes, ele se referia a esses três gigantes, principalmente.

1.3. Da luneta aos calculistas

A luneta, apontada para cima, disparou uma verdadeira revolução científica que não ficou restrita à astronomia.

Logo ficou claro que a luneta simples de Galileu precisava ser melhorada para expandir os limites observacionais. Versões cada vez maiores foram construídas, o que não necessariamente implicava instrumentos melhores, pois quanto maior uma luneta, mais difícil de ser manuseada. Além disso, o alinhamento das lentes precisava ser perfeito para se obter uma imagem nítida, sem falar que as lentes são elementos refrativos, ou seja, a luz atravessa a peça de vidro, perdendo intensidade. Era necessária uma inovação tecnológica para avançar o conhecimento.

A ideia de trocar os elementos refrativos por elementos reflexivos já vinha sendo discutida desde a época de Galileu, mas foi apenas em 1668 que Newton construiu um telescópio de uso bem prático. Ele utilizou como coletor de luz um espelho metálico feito da liga de estanho e cobre polido em uma curvatura esférica. O espelho estava posicionado na base de um tubo. Na parte superior, ele instalou um espelho plano de modo a desviar a trajetória da luz para formar a imagem na lateral do tubo depois de passar pela lente ocular. Esse tipo de telescópio, batizado de telescópio newtoniano, existe até hoje e está entre os preferidos dos entusiastas da astronomia.

O telescópio newtoniano representou uma revolução tecnológica para a astronomia. Além da simplicidade e praticidade de uso, a construção de instrumentos maiores implicava apenas a produção de espelhos maiores, que eram apoiados na base do tubo, diferentemente das lentes, sustentadas pela borda. Espelhos maiores resultam em captação de mais luz, permitindo observar objetos mais tênues, como galáxias e nebulosas.

Rapidamente satélites foram encontrados em todos os planetas do Sistema Solar (exceto Mercúrio e Vênus), detalhes da atmosfera de Júpiter foram observados, assim como os anéis de Saturno e sua estrutura interna. Enquanto muitos astrônomos se concentravam em estudar detalhes do nosso sistema planetário, outros focavam em descobrir cometas, uma forma de ser imortalizado na história.

O astrônomo francês Charles Messier era um desses astrônomos e se sentia perturbado pela presença de objetos difusos que eram frequentemente confundidos com cometas. Decidido a resolver esse problema, por volta de 1780 começou a catalogar tais objetos como forma de evitar problemas. Nebulosas com aspecto de planetas, nebulosas espirais e enxames de estrelas receberam um número e integraram o mais famoso dos catálogos astronômicos: o catálogo Messier. A Nebulosa de Órion, por exemplo, corresponde ao objeto M42 desse catálogo. Sem saber, Messier expandiu as fronteiras das observações para além da Via Láctea. A galáxia de Andrômeda, a mais de 2 milhões de anos-luz de distância, por exemplo, é o objeto M31 de seu catálogo, ainda que, à época, tenha sido catalogada como a Nebulosa de Andrômeda, pois sua natureza extragaláctica só seria descoberta no início do século XX. Messier acabou descobrindo treze cometas em sua carreira.

Mesmo as fronteiras do Sistema Solar se expandiram com o advento de telescópios mais potentes. Em 1781, enquanto varria o céu de Bath, na Inglaterra, em busca de estrelas duplas, o músico e astrônomo William Herschel descobriu mais um planeta no Sistema Solar: Urano. De início, pensava ter descoberto um cometa ou uma estrela tão grande que tornava possível distinguir-lhe o disco. Observações subsequentes permitiram obter uma órbita para além de Saturno, determinando de vez que se tratava de um planeta. Era o primeiro planeta a ser descoberto em

Figura 4: *William Herschel, descobridor do planeta Urano, e sua irmã Carolina Herschel, a primeira astrônoma oficialmente contratada como tal.*

Fonte: https://en.wikipedia.org/wiki/William_Herschel#/media/File:William_Herschel01.jpg (William Herschel); https://en.wikipedia.org/wiki/Caroline_Herschel#/media/File:1829_Melchior_Gommar_Tieleman,_%C3%96lgem%C3%A4lde_Caroline_Herschel_Hannover.tif (Caroline Herschel). Acesso em: 12 dez. 2023.

muito tempo, visto que todos os outros eram conhecidos desde a mais remota antiguidade.

Esse fato causou uma agitação muito grande entre os astrônomos da época: após 5 mil anos de observações astronômicas, havia mais um planeta escondido nos céus. Existiriam outros? De repente, descobrir cometas deixou de ser símbolo de status e diversos observadores passaram a vasculhar os céus. A maioria das iniciativas não tinha uma metodologia muito apurada e seguia os mesmos métodos de busca por cometas: observar o mesmo ponto do céu em dois ou três momentos diferentes, tomando nota da posição dos objetos observados. Descobrir novos planetas virou caso de polícia.

No ano de 1800, o editor de uma revista de astronomia alemã montou uma força-tarefa composta de 24 eminentes astrônomos incumbidos de varrer o céu em busca de um novo planeta. Essa força-tarefa foi apelidada de "polícia celeste". A motivação para tamanha mobilização já era meio antiga: o fato de haver uma expressiva lacuna entre as órbitas de Marte e Júpiter. Essa lacuna deveria estar ocupada por um planeta, nós é que não sabíamos sobre ele ainda. No primeiro dia de 1801, Giuseppe Piazzi descobre Ceres, que, apesar de estar na incômoda lacuna, era pequeno demais para ser um planeta, menor até do que Mercúrio! Para piorar a situação, uma série de descobertas de objetos parecidos, porém cada vez menores, deixou claro que não havia um planeta naquela órbita, mas sim milhares de pequenos corpos celestes. Herschel os batizou de asteroides, e hoje sabemos que se trata de remanescentes do material que foi impedido de se tornar um planeta por causa das perturbações gravitacionais do gigante Júpiter. Ceres foi o primeiro asteroide a ser descoberto, mas, dadas suas características, acabou sendo reclassificado como planeta anão em 2006 pela União Astronômica Internacional (IAU na sigla em inglês). Daí para a frente, milhares de novos asteroides, também chamados de planetas menores, foram descobertos, e percebeu-se que ocupam uma faixa de objetos entre Marte e Júpiter. Essa faixa ficou conhecida como Cinturão de Asteroides. Com a reclassificação de Ceres, Vesta, o quarto asteroide descoberto, tornou-se o maior do cinturão.

Enquanto o número de asteroides não parava de crescer, outros astrônomos mantinham Urano sob intensa vigilância. A ideia era caracterizar seus elementos orbitais com a máxima precisão. Isso daria valores robustos de período, distância e massa, por exemplo, e ainda forneceria uma tabela de posições do planeta ao longo do tempo. Ocorre que, por vezes, Urano não cumpria o horário combinado. Em algumas ocasiões, chegava "adiantado" na posição prevista, e em outras, "atrasado"; parecia que às vezes ele viajava mais rápido em sua órbita, para que logo em seguida se movesse mais devagar. Era como se existisse *alguma coisa* puxando-o para adiante de sua posição prevista, e que logo depois puxava para atrás da posição calculada. O palco para uma nova descoberta estava armado, bastava que os atores entrassem em cena.

Em 1843, John Adams, na Inglaterra, e Urbain Le Verrier, na França, se interessaram pela questão e, de forma independente, começaram a pensar na presença de um planeta mais além de Urano que pudesse causar os desvios entre as posições previstas e as posições de fato observadas. A ideia de ambos era aplicar os efeitos de perturbações gravitacionais do planeta misterioso em Urano, sempre que os dois estavam mais próximos. A partir da diferença entre posição calculada e posição observada, os dois matemáticos teriam como estimar a posição do planeta misterioso. Além de usar a gravitação de Newton, Adams e Le Verrier precisaram utilizar técnicas de cálculos mais refinadas, inexistentes na época da publicação da Teoria da Gravitação. Além disso, ambos precisavam ter acesso às melhores tabelas de posição de Urano, pois os cálculos em si já carregavam um fator de incerteza em decorrência de aproximações realizadas. Se as posições não fossem precisas, a comparação entre previsto e observado geraria uma incerteza ainda maior. Não os culpe... Naquela época, afinal, não havia nem régua de cálculo para auxiliá-los nas contas. Entre outros afazeres,

Figura 5: *John Couch Adams (esquerda) e Urbain Le Verrier (direita), descobridores do planeta Netuno na base da física e da matemática.*

Fonte: https://en.wikipedia.org/wiki/John_Couch_Adams#/media/File:John_Couch_Adams_1870s.jpg (John Couch Adams); https://en.wikipedia.org/wiki/Urbain_Le_Verrier#/media/File:Urbain_Le_Verrier.jpg (Urbain Le Verrier). Acesso em: 12 dez. 2023.

Adams e Le Verrier trabalharam nesse problema por quase três anos.

Adams era uma verdadeira máquina de calcular, e, após obter as melhores tabelas de posição de Urano do astrônomo real George Airy, pôs-se a computar a posição do planeta desconhecido. O problema era que Adams produzia resultados demais. Praticamente a cada semana ele batia à porta da casa de Airy entregando tabelas com posições diferentes. E não se tratava de posições mais precisas, mas de posições inteiramente novas. Com isso, Airy desconfiou de que Adams não sabia exatamente o que estava fazendo. Decidiu esperar que ele entregasse ao menos duas tabelas iguais para, assim, ir ao telescópio procurar o tal planeta.

Do outro lado do Canal da Mancha, Le Verrier trabalhava em suas próprias tabelas, intercalando seu trabalho com a análise da órbita de cometas. Ele conseguiu demonstrar que alguns cometas sofriam perturbações gravitacionais de Júpiter — um pequeno número chegava a assumir novas órbitas. Seus resultados parciais sobre as perturbações de Urano não empolgaram os colegas no observatório de Paris, mas ele seguia em seus cálculos.

Curiosamente, Airy só deu crédito aos resultados de Adams ao verificar que os resultados de Le Verrie, publicados em junho de 1846, eram praticamente iguais aos de Adams. Airy solicitou que James Callis,[1] do observatório de Cambridge, vasculhasse o céu entre agosto e setembro daquele ano. Nesse meio-tempo, Le Verrier, ainda sem empolgar os colegas de trabalho, enviou suas tabelas em uma carta ao observatório de Berlim, solicitando que procurassem o novo planeta. A carta chegou no dia 23 de setembro de 1846 e, na mesma noite, Heinrich d'Arrest, estudante de doutorado, e o diretor do observatório, Johann Galle, descobriram o planeta misterioso praticamente na mesma posição prevista por Le Verrier. Algumas idas e vindas e o planeta acabou batizado de Netuno.

A descoberta de Netuno representa o triunfo da física newtoniana e dos métodos numéricos da matemática, pois

[1] Callis perdeu a oportunidade de passar para a história como o descobridor de Netuno. Ele havia observado o novo planeta por duas vezes, um ano antes de Galle. Alguns biógrafos afirmam que ele era muito desleixado com suas observações e não percebeu a presença do novo planeta. Callis, todavia, culpou suas cartas celestes desatualizadas e a quantidade enorme de dados de cometas que tinha para analisar na época das observações.

a partir das medidas de perturbação da órbita de um corpo celeste foi possível prever a posição do corpo perturbador com precisão suficiente para que fosse encontrado logo na primeira tentativa. Isso representa bastante em termos científicos. Até então, as descobertas astronômicas ocorriam ao acaso. Basta lembrar como Urano foi descoberto. Além disso, o caso de Netuno é interessante para demonstrar que uma ciência experimental, no caso a astronomia, não depende apenas de mais e melhores instrumentos, mas também de mais e melhores cientistas para desenvolver novas teorias e técnicas de análise.

A ideia de que o Sistema Solar ainda podia se expandir, revelando novos planetas, ficou na pauta da astronomia por um bom tempo depois da descoberta de Netuno. Algumas décadas de observações precisas do novo planeta mostraram, adivinha, que em alguns casos a posição observada era ligeiramente diferente da posição prevista. Isso, claro, motivou muita gente a começar a procurar pelo nono planeta do Sistema Solar no início do século XX. Contudo, os sucessivos fracassos esfriaram os ânimos, especialmente porque novos telescópios estavam mostrando muita coisa interessante além dos limites do nosso sistema. Ainda assim, a persistência (ou obsessão) de um bem-sucedido empresário e matemático amador culminou com a descoberta de Plutão.

Percival Lowell fundou um observatório com o intuito de observar os canais marcianos, que não passavam de ilusão de óptica causada por instrumentação deficitária e muita vontade de enxergá-los, mas também descobrir seu famoso planeta X, como se referia a ele. Plutão foi descoberto por acaso por Clyde Tombaugh em fevereiro de 1930. As perturbações nas órbitas de Urano e Netuno usadas por Lowell para calcular a posição do planeta misterioso eram na verdade efeito da incerteza no valor da massa desses dois planetas. Depois verificou-se que Plutão nem tinha a massa necessária para causar tais perturbações.

A busca sistemática e resiliente de Tombaugh permitiu que descobrisse vários cometas, estrelas variáveis e asteroides, além de Plutão. De 1930 a 2006, Plutão foi considerado o nono planeta do nosso sistema planetário, mas seu tamanho e sua órbita não eram condizentes com o observado para os demais planetas. A bem da verdade, Plutão é muito mais parecido com um cometa do que com um planeta, e Tombaugh havia descoberto o mais importante objeto de uma nova classe de corpos celestes conhecida como Objetos Transnetunianos (TNOs em inglês). Os TNOs fazem parte de uma estrutura chamada Cinturão de Kuiper, um análogo mais distante do Cinturão de Asteroides e um grande reservatório de cometas em potencial. TNOs podem ser encarados como rochas com muito gelo, ao passo que os asteroides são rochas com pouco gelo. No começo dos anos 2000 os TNOs iam dar muito o que falar.

Mas a astronomia do início do século XX não era feita só de cometas e astrônomos ansiosos por descobrir novos planetas. Naquela época, foi construído o que, até então, era o maior telescópio do mundo, e duas novas ciências nasceram.

1.4. E o universo se expande

Até meados dos anos 1920, o universo era tão somente a nossa galáxia. Em outras palavras, a Via Láctea era o universo e tudo o que faz parte dele estaria contido nela. Estrelas, nebulosas planetárias, nebulosas de emissão e/ou reflexão e até mesmo as intrigantes nebulosas espirais estavam todas na Via Láctea.

As enigmáticas nebulosas espirais pareciam indicar que algo estava errado com esse cenário de universo contido na Via Láctea. Em 1920, as discussões acabaram culminando em um debate na Academia Nacional de Ciências dos Estados Unidos. Na verdade, não foi um debate qualquer, mas o Grande Debate. Harlow Shapley, diretor do observatório Mount Wilson, na Califórnia, e Herber Curtis, diretor do observatório Allegheny, na Pensilvânia, se reuniram para apresentar argumentos pró e contra a ideia de que o universo seria muito maior do que apenas a Via Láctea. Inclusive, as tais nebulosas espirais seriam estruturas localizadas *fora* da nossa galáxia.

Shapley advogava em favor do universo restrito à Via Láctea com base no tamanho relativo da nebulosa espiral de Andrômeda. Segundo ele, se estivesse fora da nossa galáxia, essa nebulosa precisaria ter um tamanho descomunal, um absurdo comparado com as dimensões conhecidas pela astronomia da época. Curtis, por sua vez, defendia a ideia oposta, embasando seu argumento em observações de explosões de estrelas conhecidas como novas. Segundo ele, havia muito mais registros de novas na Nebulosa de Andrômeda do que em toda a Via Láctea, e não haveria explicação para uma determinada região da nossa galáxia ter mais eventos desse tipo do que todo o resto dela. A Nebulosa de Andrômeda era, na verdade, uma outra galáxia, ou outro 'universo-ilha', como Curtis propôs, usando um termo cunhado no século XVIII pelo filósofo Immanuel Kant. E assim seria com as outras nebulosas espirais conhecidas.

Ambos os pesquisadores apresentaram seus argumentos durante o dia, baseados em pesquisas da época, e à noite se reuniram para debater em um auditório. O Grande Debate terminou sem um derrotado, mas a ciência saiu como grande vencedora. Mesmo sem nenhum resultado conclusivo, a partir desse evento ambos os lados começaram a investir tempo e energia em suas pesquisas para formular argumentos definitivos.

2
O Universo em Cada Um

O Universo não é ideia minha
A minha ideia de universo é que é uma ideia minha

— Fernando Pessoa, poeta português

Modelos de criação do universo baseados em deuses mal-humorados, batalhas celestiais ou jornadas épicas foram gradualmente passando para o campo da mitologia, enquanto a ciência avançava na compreensão da origem de estrelas, nebulosas e galáxias que iam surgindo através de lunetas e, posteriormente, de telescópios. Certamente essa tarefa deixou de ser, digamos, apenas lúdica para se tornar mais vultosa!

2.1. Mas tudo começou assim, com um grande BANG?

Uma das grandes dúvidas existenciais que assola a humanidade por milênios pode ser expressa numa simples pergunta: Como tudo começou? Até que alguma formulação crível, diferente de elefantes sustentando uma abóbada de cristal no nada, pudesse surgir, foram necessários pelo menos dois séculos de avanços científicos. Ainda assim, apenas no fim do século XIX e início do século XX começou-se a formular um consenso entre astrofísicos, físicos e cosmólogos.

E o consenso vai na seguinte linha de raciocínio:

O universo é um conjunto fechado. Em função disso, tudo o que existe, existiu e existirá está nele contido. Tudo é *tudo* mesmo. A Lua cheia numa noite de verão, a nebulosa que forma estrelas na Grande Nuvem de Magalhães, água nos encanamentos, dinossauros, quasares e torcedores do São Paulo inclusos. É como uma grande cozinha desses programas de TV em que os participantes precisam preparar doces apenas com o que está disponível naquele estúdio. Tudo o que pode ser usado está nos armários apenas esperando o momento de ser usado. Nada virá de fora, e, no caso do universo, "lá fora" nem sequer existe.

Todos os ingredientes do universo estavam concentrados num único ponto, muito menor que o próprio átomo. Um ponto com o tamanho de um bilionésimo do tamanho de um próton, para cujo estado a física ainda não consegue dar uma explicação completa. Nesse estado, as quatro leis fundamentais da física, que explicam o macro e o micro, conviviam em harmonia, formando uma só. Assim, uma descrição desse estado deve necessariamente ter como base uma quantização da gravidade.

Subitamente esse ponto começa a crescer e se expandir. Em um intervalo de tempo muito menor que um piscar de olhos, a gravidade se separa definitivamente das suas três irmãs — não se juntarão mais sequer na teoria. Esse período de convivência harmoniosa entre as quatro forças elementares da física é conhecido como Era de Planck e durou 10^{-42} segundos.[2] A temperatura do universo deveria ser maior do que 10^{32} K.[3] A expansão súbita passa por uma fase em que é ainda mais rápida. Em um intervalo de tempo de 10^{-36} – 10^{-32} segundos o universo aumenta 10 mil vezes o seu tamanho e, como consequência, sua temperatura cai por um fator de 100 mil, indo de 10^{27} para 10^{22} K. Todas as forças elementares da natureza se desacoplam e cada uma segue seu caminho. Essa época do universo é conhecida como período inflacionário ou Era da Inflação.

A expansão continua, e com um segundo de vida o universo já está frio o suficiente para que prótons e nêutrons possam surgir no meio da "sopa" de energia e partículas como os quarks, dando início à formação de núcleos atômicos. Entre dez e 1.000 segundos, quando a temperatura do universo alcança por volta de 1 bilhão e 10 milhões de graus, são formados íons leves de hidrogênio, hélio (os dois elementos que compõem quase a totalidade dos núcleos formados nessa época) e traços de deutério (um núcleo de hidrogênio que possui um próton e um nêutron), hélio 3 (um núcleo de hélio com dois prótons e um nêutron) e lítio 7 (um núcleo composto de três prótons e quatro nêutrons). Esse intervalo de tempo é chamado de período da nucleossíntese primordial. Depois dele, o universo não veria formação de elementos químicos de novo até que tivesse algumas centenas de milhões de anos de idade, quando as primeiras estrelas se formaram e passaram a formar em seus

---

2 10^{-42} é um número absurdamente pequeno que pode ser escrito, se você tiver essa curiosidade toda, como 0 e uma sequência de 42 zeros.

3 Escala de temperatura absoluta em que 0 °C corresponde a 273 K e 0 K corresponde a –273 °C. Aqui o número é absurdamente grande e pode ser escrito como 1 seguido de uma fila de 32 zeros.

núcleos elementos mais pesados a partir da fusão de núcleos atômicos mais leves.

Com pouco mais de dezesseis minutos de vida, o universo tem um raio de 300 anos-luz e temperatura na casa dos 10 milhões de graus, o que faz com que os elétrons estejam viajando tão rápido pelo espaço que não são capturados pelos núcleos formados na época da nucleossíntese. Átomos neutros só irão se formar quando o universo chegar a 18 mil anos de idade, abrindo um período chamado Era da Recombinação, que vai durar até os 370 mil anos de vida do universo. Ao fim dessa época, a temperatura e a densidade do universo caem o suficiente para deixar que a luz (ou qualquer radiação eletromagnética) consiga atravessar o espaço livremente. Em outras palavras, o universo se torna transparente, permitindo que a radiação o atravesse. A radiação que permeava o espaço nessa época nos chega hoje sob a forma de micro-ondas e é conhecida como Radiação Cósmica de Fundo (RCF). A RCF é um verdadeiro fóssil da criação do universo carregando informações importantes sobre as condições no seu início.

Nesse instante, vamos dar uma paradinha e recapitular as coisas. O universo se inicia meio que do nada com a rápida e súbita expansão de um ponto menor do que as menores dimensões concebíveis, que contém tudo, inclusive o espaço e o tempo, e que se expande até os dias de hoje, conforme podemos verificar no movimento das galáxias. Se você está se sentindo incomodado com essa explicação, saiba que mais gente também ficou quando essa hipótese surgiu.

Em 1927, o padre, matemático e astrônomo belga Georges Lemaître tomou conhecimento dos resultados do astrônomo norte-americano Vesto Slipher, o primeiro a medir a velocidade de afastamento de galáxias. Com isso em mente, Lemaître raciocinou que se hoje as galáxias se afastam umas das outras em algum momento do passado elas deveriam estar todas juntas, formando uma estrutura que chamou de "átomo primitivo". Infelizmente, seu artigo propondo essa hipótese não teve nenhuma repercussão, pois não foi escrito em inglês. Em 1929, o astrônomo norte-americano Edwin Hubble publicou um outro artigo com as mesmas conclusões. Esse sim teve grande repercussão, e a lei que estabelece a relação entre a velocidade de afastamento das galáxias e sua distância passou a ser conhecida como lei de Hubble.[4]

A hipótese do átomo primitivo que sofreria uma expansão colossal para formar o universo tinha na velocidade de afastamento das galáxias um forte embasamento. Todavia, a ideia de fazer o universo encolher e as galáxias convergirem para um único ponto não agradou a todos os astrofísicos da época. Um deles, Fred Hoyle, notório crítico dessa hipótese e fervoroso defensor de um universo eterno e estacionário, acabou, sem querer, contribuindo para popularizar a ideia de um átomo primitivo. Em 1947, debatendo a respeito da origem do universo em um programa da rádio inglesa BBC, ele teria dito: "Então devemos acreditar que o universo começou com um *grande BANG*?" (*Big Bang* no original). Tempos depois, Hoyle explicou que não estava querendo desdenhar da teoria, apenas expressara seu descontentamento quanto a ela.

A ideia passada pelo termo *Big Bang* é a de que o universo se iniciou com uma grande explosão. A rigor, nunca houve uma grande explosão, uma vez que para isso acontecer é preciso haver agentes que interajam e provoquem uma

---

[4] Em 2018, a União Astronômica Internacional corrigiu essa injustiça rebatizando a lei como lei de Hubble-Lemaître.

descarga de energia — como já vimos, no início do universo não havia nada. A despeito disso, a ideia de ter acontecido uma grande explosão facilita muito a compreensão de uma súbita e rápida expansão, pois é muito mais intuitivo. Querendo ou não, Fred Hoyle acabou se tornando o maior popularizador do Big Bang.

Figura 6: *Linha do tempo do universo, do Big Bang aos tempos atuais.*

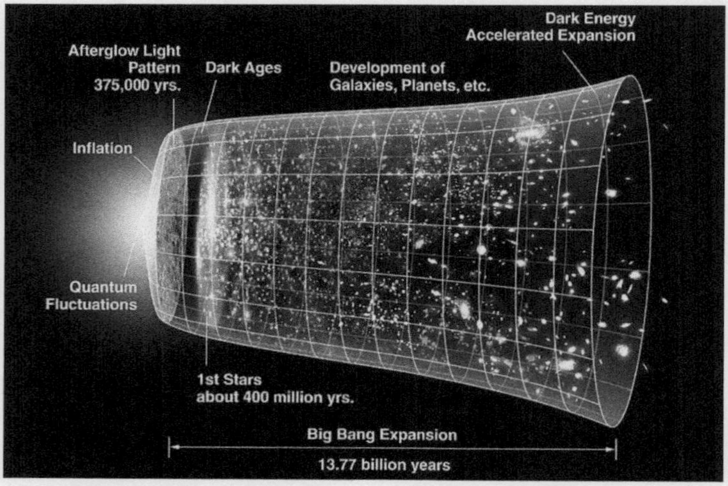

Fonte: https://en.wikipedia.org/wiki/Big_Bang#/media/File:CMB_Timeline 300_no_WMAP.jpg. Acesso em: 12 dez. 2023.

Bom, voltando à formação do universo, interrompemos nossa sequência de fatos quando o universo tinha por volta de 380 mil anos de idade e temos todos os elementos que permitem apontar que o Big Bang é a melhor explicação para a origem do universo.

2.2. Os três pilares do Big Bang

Quando Lemaître propôs sua teoria de átomo primitivo, tinha apenas a informação da expansão do universo com base nas medidas de velocidade da recessão de galáxias obtidas por Slipher e confirmadas por Hubble. É uma ideia muito simples, baseada no raciocínio ingênuo de retroceder o filme da evolução do universo. Todavia, como apontaram Hoyle e alguns colaboradores, esse cenário poderia ser descrito por outros modelos que não invocassem um início para o universo, como o universo estacionário e eterno.

As evidências que validariam o Big Bang como a melhor teoria para a criação do universo vieram com a maturação da ideia em si e com mais observações. Debruçados sobre a hipótese básica, astrofísicos e cosmólogos trabalharam em artigos para demonstrar quais consequências poderiam ser esperadas se o cenário de um ponto infinitamente pequeno, denso e muito quente tivesse sofrido uma rápida expansão que, depois de muito tempo, acabasse se tornando o que observamos hoje através dos telescópios. As principais consequências são: a própria expansão do universo, a nucleossíntese primordial e a radiação cósmica de fundo.

2.2.1. A expansão do universo

Como vimos anteriormente, Slipher em Flagstaff, Arizona, e Hubble no Monte Wilson, Califórnia, descobrem e confirmam que as galáxias estão se afastando umas das outras. Hubble, trabalhando no melhor observatório do mundo daquela época, estabelece uma relação entre a velocidade de afastamento de uma galáxia e sua distância, mostrando que ambas são diretamente proporcionais.

A lei de Hubble-Lemaître diz que a velocidade de afastamento de uma galáxia é igual à sua distância até o observador multiplicada por uma constante. Essa constante, H_0, foi batizada de constante de Hubble e carrega em si o valor do acréscimo de velocidade a cada incremento de 1 milhão de parsecs[5] (Mpc) de distância. O valor de H_0 é algo em torno de 70 km/s/Mpc, ou seja, a cada milhão de parsecs a velocidade de afastamento das galáxias aumenta mais ou menos 70 km/s. Outro aspecto interessante da constante de Hubble é que podemos obter a idade do universo (em segundos) ao fazermos $^1/H_0$. Com o valor adotado atualmente, chegamos ao valor aproximado de 13,8 bilhões de anos para a idade do universo.

No campo teórico, a expansão do universo decorre naturalmente das equações da relatividade geral formuladas por Albert Einstein em 1915. Contudo, em meados de 1920 ainda não tínhamos conhecimento do movimento de afastamento das galáxias e as evidências apontavam para um universo estático, contrariamente ao que mostravam suas contas. Meio que a contragosto, Einstein enxertou uma constante em suas equações de modo a contrabalançar a expansão natural do universo e a chamou de "constante cosmológica". Ela agiria como uma força freando seu movimento de expansão. Anos depois, quando os resultados de Hubble se espalharam pelo mundo, Einstein removeu a constante cosmológica de suas equações "com muita satisfação", chegando a afirmar que aquele teria sido o seu maior erro na vida.

---

[5] Parsec é a unidade de comprimento adotada por astrofísicos cujos estudos envolvem distâncias maiores que as distâncias encontradas no Sistema Solar, por exemplo; 1 parsec equivale a 3,2 anos-luz.

Hubble, empolgado com a satisfação que despertara em Einstein, convidou o grande físico a conhecer o observatório de Monte Wilson, onde os dados que levaram ao estabelecimento da lei de Hubble haviam sido tomados. Einstein visitou o observatório acompanhado de sua esposa Elsa, que foi ciceroneada por Walter Adams, diretor do observatório. Enquanto Hubble explicava a Einstein como havia obtido os espectros, um animadíssimo Adams mostrava a Elsa o telescópio de 2,5 m de diâmetro, então o maior do mundo. Durante o passeio, Adams teria dito: "É aqui, com todo esse equipamento, que desvendamos os mistérios do universo", ao que Elsa respondeu: "Interessante. Meu marido faz isso no verso de um envelope".

2.2.2. A nucleossíntese primordial

Antes de completar dezessete minutos de vida, o universo esfriou o suficiente para que a energia livre pudesse se converter em matéria, seguindo outra prescrição de Einstein: $E = mc^2$. Neste caso, a energia se converteu em núcleos de hidrogênio (um próton), núcleos de deutério (um próton e um nêutron), hélio 3 (dois prótons e um nêutron), hélio 4 (dois prótons e dois nêutrons) e lítio 7 (três prótons e quatro nêutrons). A temperatura ainda era muito alta para que esses núcleos conseguissem capturar elétrons e formar átomos neutros, o que viria a acontecer muito tempo depois.

O período em que ocorre a nucleossíntese já é um domínio muito bem conhecido da física de partículas, e, com base nas estimativas de temperatura do universo e no intervalo de temperatura em que ela era alta o suficiente para os núcleos se formarem, é possível calcular quantos núcleos de quais elementos foram formados. Na astrofísica, chamamos de cálculo da abundância primordial. O raciocínio é simples: se o universo começou com uma grande concentração de energia e foi esfriando conforme se expandia, deve ter passado por uma fase em que foi possível criar os elementos químicos A, B e C, numa quantidade X, Y e Z, respectivamente. Aí a bola passa para os astrofísicos observacionais, que vão procurar nuvens de gás antigas e pouco "contaminadas" por elementos químicos processados pelas estrelas ou supernovas. Se as previsões teóricas se confirmam, ponto para o Big Bang; caso contrário, é preciso voltar para a prancheta e rever a hipótese.

Pois bem, foi exatamente sobre a questão da abundância primordial que o então doutorando Ralph Alpher se debruçou. Ele e seu orientador, George Gamow, fizeram as contas de quais elementos químicos poderiam ter se formado e qual a quantidade deles. Na verdade, nem interessa a quantidade absoluta de cada elemento, mas sim a proporção do total produzido. Os resultados obtidos pela dupla em 1947 foram revisados posteriormente com o uso de "calculadoras eletrônicas mais potentes", que pudessem incorporar aspectos mais sutis da física nuclear. Ainda assim, os resultados originais eram consistentes com o que foi encontrado em nebulosas antigas.

Na hora de fechar os resultados em um artigo científico, Alpher teve a ideia de incluir Hans Bethe, eminente físico nuclear e seu amigo, apenas para compor a tríade de autores Alpher-Bethe-Gamow e assim ficar com algo parecido como alfa-beta-gama, as três primeiras letras do alfabeto grego. Bethe só ficou sabendo de sua inclusão quando apareceu um rascunho do artigo em seu escritório. Ele gostou tanto da brincadeira e do artigo que aceitou participar do trabalho e, segundo consta, passou a contribuir ativamente nas discussões de rascunhos subsequentes. Físicos, astrofísicos e cosmólogos têm um senso de humor um tanto peculiar.

Nuvens de gás que não tenham sido contaminadas por elementos mais pesados, como carbono e oxigênio, por exemplo, originários de nucleossíntese em estrelas, podem ser encontradas em galáxias anãs muito distantes. A análise da abundância química dessas nuvens revela que são formadas por 75% de hidrogênio e quase 25% de hélio. O restante dos núcleos soma uma quantidade tão pequena que aparecem como traço nas medidas de abundância, mas exatamente como previsto. Na verdade, a abundância do lítio encontrada nas nuvens é menor do que o imaginado por um fator 4 até. Esse fato não inviabiliza os resultados para os demais elementos, mas abre margem para esmiuçar os processos de formação dos elementos primordiais utilizando-se aspectos mais modernos da física de partículas.

2.2.3. A Radiação Cósmica de Fundo

A RCF é o mais sólido dos três pilares que sustentam o Big Bang. Tanto a expansão do universo quanto a nucleossíntese primordial podem ser, e foram, acomodadas em teorias alternativas ao Big Bang, em enxertos que deixam essas mesmas teorias cada vez mais bizarras e menos críveis. Todavia, a RCF é a única que não pôde ser encaixada em nenhum modelo de criação do universo que não considere um passado muito quente e em expansão.

Por RCF entende-se a radiação presente no universo quando ele tinha por volta de 380 mil anos de idade. Ela é o testemunho da radiação de tempos mais antigos, em que o universo era ainda mais quente, mas tão opaco às partículas de energia, os fótons, que eles eram constantemente absorvidos assim que eram criados. Contudo, quando o universo atingiu uns 3 mil graus de temperatura, ficou transparente — nesse instante, os fótons criados foram capazes de escapar para o espaço.

A mecânica quântica nos permite calcular qual a energia dos fótons emitidos quando um corpo está a qualquer temperatura, caracterizando a chamada radiação de corpo negro.[6] A prescrição da quântica nos diz que a uma temperatura de 3000 K a radiação emitida deve ser principalmente na faixa do infravermelho. Estrelas anãs vermelhas têm essa mesma temperatura superficial e são vistas como objetos de uma tênue coloração avermelhada. Conforme o universo se expande, carrega o tecido do espaço-tempo. Como efeito, o comprimento de onda dos fótons aumenta. Em contrapartida, a frequência deles diminui para que sua velocidade permaneça sempre constante. Depois de mais de 13 bilhões de anos, o comprimento de onda dos fótons que chega até nós corresponde à radiação de micro-ondas, emissão correspondente de um corpo negro a uma temperatura aproximada de 2,7 K apenas.

A radiação de fundo vem de todos os lugares do universo: para onde você apontar sua antena, vai captar esse sinal, seja de dia ou de noite. É como estar dentro de uma estufa quente: o calor (a radiação térmica) vai ser emitido das paredes, sem ter um único ponto específico de origem.

---

[6] Corpo negro é um corpo físico hipotético que emite e absorve energia a depender de sua temperatura em relação ao meio que o circunda. Se ele está em equilíbrio térmico, está na mesma temperatura que o mundo ao seu redor e as quantidades de energia emitidas e absorvidas são iguais.

Por volta de 1948, Ralph Alpher e Robert Herman publicam um trabalho, desenvolvendo uma ideia de George Gamow, em que calculam qual seria a temperatura de corpo negro da tal da radiação remanescente do Big Bang. O valor encontrado naquele trabalho foi de 5 K, um pouco maior que o valor conhecido atualmente. Mesmo com esse valor, a radiação deveria estar na faixa das micro-ondas. Porém a cosmologia, nessa época, ainda era uma ciência que atraía a atenção de poucos pesquisadores, ainda mais uma cosmologia de cunho mais teórico. Os trabalhos de Alpher e Herman só foram redescobertos no início dos anos 1960 e em 1964, quando alguns radioastrônomos já estavam construindo antenas específicas para detectar a RCF.

Arno Penzias e Robert Wilson, no entanto, estavam alguns passos à frente do resto do mundo. Eles tinham acesso a uma antena prontinha, ideal para a procura que todos queriam fazer. Isso porque ambos trabalhavam para uma empresa de telecomunicações e estavam procurando uma maneira de melhorar a comunicação com satélites em órbita da Terra. Penzias e Wilson varreram o céu por diversas vezes e por mais que tentassem nunca conseguiam se livrar de um ruído de fundo. Não importava para onde apontavam a antena, não importava o tratamento que davam aos dados, sempre terminavam com um sinal, uma radiação que correspondia a uma emissão de corpo negro a uma temperatura de 4,2 K. Sobrou até para um casal de pombos que havia feito seu ninho no interior da antena. Penzias e Wilson não titubearam em retirar o ninho e limparam todo o interior da antena para eliminar os excrementos do casal. Havia a suspeita de que eles estariam alterando as características instrumentais da antena, falseando os dados.

Figura 7: *Arno Penzias e Robert Wilson inspecionando a antena que capturou a primeira evidência da Radiação Cósmica de Fundo em micro-ondas.*

Fonte: https://en.wikipedia.org/wiki/Arno_Allan_Penzias#/media/File:Horn_Antenna-in_Holmdel,_New_Jersey_-_restoration1.jpg. Acesso em: 12 dez. 2023.

Sem conseguir uma resposta que fizesse sentido, Penzias e Wilson telefonaram para outro grupo de radioastrônomos que estavam trabalhando no mesmo problema, mas que ainda não tinham finalizado a construção de sua antena. Ao ouvir o relato da dupla, Robert Dicke teria dito aos seus colaboradores: "Rapazes, fomos pegos...".

Os resultados de Penzias e Wilson foram replicados por outros pesquisadores conforme suas antenas foram construídas e todos os grupos mostraram que os resultados eram consistentes com a RCF. Mas, a despeito disso, a detecção da radiação de micro-ondas não foi aceita imediatamente como a evidência observacional da RCF, com o pessoal do universo estacionário tentando melar os resultados, atribuindo a radiação observada ao espalhamento da luz de estrelas distantes pelo material do meio interestelar. Apenas no meio da década de 1970 é que a radiação de micro-ondas foi aceita como sendo uma relíquia do Big Bang. O valor de sua temperatura foi refinado por vários grupos, tendo convergido para um valor muito próximo dos atuais 2,7 K e que não se encaixa em nenhuma explicação alternativa da turma contrária ao Big Bang.

2.3. Lendo nas entrelinhas

A Radiação Cósmica de Fundo funciona mais do que um sólido e robusto pilar que suporta o Big Bang. Ela é um fóssil de uma época tão próxima àquele evento quanto podemos ter, pelo menos até o momento em que a tecnologia nos permita detectar o Fundo Cósmico de Neutrinos, nos levando ao instante em que o universo tinha um segundo de idade. Assim como na arqueologia, todo fóssil bem preservado pode nos revelar detalhes do ambiente de eras passadas, hábitos alimentares, histórico de saúde e como deve ter sido sua morte. A RCF é um fóssil muito bem preservado que tem sido profundamente explorada para verdadeiros estudos de "cosmologia forense".

O ponto de partida dos fótons da RCF é chamado de Era da Recombinação, mas também de Superfície do Último Espalhamento. Essa última definição carrega uma informação física importante. Os fótons da RCF não avançavam pelo universo porque eram espalhados pelos elétrons que viajavam livres, pois a temperatura ainda era muito alta para que fossem capturados pelos núcleos formados durante a Nucleossíntese Primordial. Quando o universo chegou a 3000 K de temperatura e a captura foi possível, a densidade de elétrons livres diminuiu bastante, permitindo que os fótons escapassem, mas durante algum tempo ainda houve espalhamento.

Mesmo sofrendo espalhamento, os fótons escaparam para sua jornada pelo universo carregando consigo a assinatura do espalhamento. Isso surge na forma de pequenas variações na energia dos fótons e, consequentemente, na temperatura de corpo negro calculada a partir da energia. Assim, temos pequenas flutuações de temperatura em torno do valor estabelecido de 2,725 K.

As pequeníssimas variações de temperatura em torno do seu valor refletem variações na densidade da matéria observadas há 380 mil anos. Existem regiões mais frias, que correspondem a valores com densidade baixa de matéria. Em contrapartida, há regiões mais quentes, que representam uma sobredensidade de matéria. A detecção dessas sobredensidades foi fundamental para a hipótese do Big Bang.

A expansão inflacionária sofrida pelo universo em seus momentos iniciais trouxe várias consequências importantes: baixou sua temperatura de forma drástica, ampliou seu raio, deixou-o com uma geometria plana e reduziu enormemente a densidade de energia. Com a energia distribuída uniformemente pelo universo, sua condensação em matéria também seria uniforme. Em outras palavras, a matéria estaria tão bem "espalhada" que em todos os pontos haveria sempre a mesma quantidade de matéria exercendo uma força gravitacional igual e constante no espaço. Isso não permitiria haver

Figura 8: *Mapa da Radiação Cósmica de Fundo em micro-ondas obtido após nove anos de missão do satélite WMAP. As flutuações de temperatura são mostradas em cores diferentes.*

Fonte: https://en.wikipedia.org/wiki/Wilkinson_Microwave_Anisotropy_Probe#/media/File:Ilc_9yr_moll4096.png. Acesso em: 12 dez. 2023.

qualquer tipo de aglutinação que eventualmente chegasse a formar alguma estrutura como um aglomerado de galáxias. Então de onde surgem as sobredensidades denunciadas por regiões mais quentes nos mapas da RCF? Das flutuações quânticas.

O fascinante universo da mecânica quântica prediz que existem variações aleatórias e temporárias na quantidade de energia em um ponto do espaço. Essa característica intrigante é prevista pelo Princípio da Incerteza de Werner Heisenberg e, *grosso modo*, afirma que em qualquer lugar e a todo momento pares de partículas e antipartículas são criados do mais absoluto vácuo. Assim que são criados, os pares se aniquilam em um lampejo de energia. Todavia, como as energias envolvidas nesses eventos de criação/ /aniquilação são incrivelmente baixas, todo esse carnaval de partículas passa sem ser detectado. Durante a época da inflação, houve muitas dessas flutuações que alteraram a uniformidade da distribuição de energia, deixando marcas que no futuro representavam regiões com densidade de matéria ligeiramente maiores ou menores que a média. Os pontos onde havia mais matéria, mesmo que pouca, produziam forças gravitacionais ligeiramente maiores que a média, mas suficientes para atrair mais matéria. Assim inicia-se um processo de crescimento que deu origem, muito tempo depois, a grandes estruturas no universo, como os aglomerados e superaglomerados de galáxias. Já as regiões de baixa densidade hoje representam os grandes vazios na estrutura de larga escala do universo.

Mas a RCF pode prover muito mais informações. Análises precisas das anisotropias revelam também qual a curvatura do universo, o momento em que os fótons da RCF conseguiram escapar dos choques com os elétrons, o instante em que os elétrons foram capturados pelos núcleos criados durante a nucleossíntese primordial, a presença da matéria escura e seus efeitos e muitas outras características. Não à toa diversos grupos de pesquisa têm investido recursos em experimentos lançados em balões estratosféricos e satélites. Ler as entrelinhas da RCF nos permite conhecer o passado do universo, bem como obter uma prescrição de como ele evoluiu até chegar ao que observamos hoje.

2.4. Radiação Cósmica de Fundo: esse programa é livre para todas as idades

Sabia que é possível capturar (e ver) alguns desses fótons da RCF no seu aparelho de TV? O aparelho precisa ser capaz de receber sinais analógicos e você deve procurar por um canal aberto (não pode ser pelo cabo ou sinal digital). Feito isso, você verá uma imagem "chuviscada" com pontos pretos e brancos se alternando aleatoriamente. Essa estática é uma soma de sinais de rádio produzidos na Terra, sinais produzidos pela Via Láctea, por outras galáxias, quasares, mas também pela RCF. Nos ajustes de brilho, escureça a imagem ao máximo, ou até que enxergue apenas os pontos mais brilhantes pipocando na tela. Estatisticamente, de cada três pontos que surgirem na sua tela, um deles será um fóton da RCF.

Costumava fazer isso na minha adolescência. Gostava de ficar encarando a tela imaginando que alguns daqueles pontos luminosos surgindo e desaparecendo na TV tinham viajado quase 14 bilhões de anos pelo espaço entre quasares, galáxias, estrelas e planetas, até que foram capturados pela antena da minha casa. Era um exercício existencial que eu gostava muito de fazer. Hoje tento imaginar o que meus pais pensavam quando entravam no meu quarto e me viam encarando a tela da TV como se fosse uma cena de filme de terror.

2.5. Como iluminar o universo

Quando o espaço esfriou bastante, os núcleos dos átomos produzidos no Big Bang capturaram os elétrons livres, formando um gás neutro e transparente aos fótons. O espaço era feito de nuvens formadas principalmente de hidrogênio e hélio, numa proporção de três átomos de hidrogênio para cada átomo de hélio. Apesar de essas nuvens terem esfriado muito, ainda estavam a 3000 K de temperatura, dando-lhes um caráter turbulento. Os átomos leves viajavam em grandes velocidades, o que impedia qualquer tipo de aglutinação em torno daquelas sobredensidades que vimos no capítulo anterior. Em suma, não havia condições de reunir e concentrar matéria de modo que as sobredensidades crescessem para formar estruturas maiores.

Nessa época, os únicos fótons cruzando o universo eram os provenientes da RCF, que formavam um brilho alaranjado, ou os fótons da emissão em rádio do hidrogênio neutro, mas não havia nenhuma estrutura como estrelas ou galáxias brilhando. Por esse motivo, esse período foi batizado de Era das Trevas. Por mais que se construa um telescópio potente e poderoso, capaz de observar esse período da evolução do universo, ele não encontraria nada, pois não existiria nada para ser encontrado.

Para que o gás possa se prender gravitacionalmente a uma daquelas sobredensidades que têm matéria (e gravidade) ligeiramente superior ao valor médio da nuvem, os átomos não podem se mover muito rápido. É o mesmo problema dos elétrons, que não podiam ser capturados pelos núcleos, mas nesse caso através das interações eletromagnéticas. Esse fato é bem observado nas nuvens moleculares de nossa galáxia, regiões propícias a formar estrelas. Para que uma nuvem dessas tenha condições de iniciar o processo de formação de estrelas, precisa estar com temperatura abaixo dos 100 K. Acima disso, sem chance.

As nuvens primordiais do universo alcançaram esse patamar de temperatura quando ele já tinha por volta de 150 milhões de anos.[7] Por essa época, o universo deve ter

---

[7] Não há consenso absoluto a respeito desse valor. Esperamos que o telescópio espacial James Webb traga estimativas mais robustas.

esfriado a uns 60 K e foi possível que as primeiras estrelas surgissem. E que estrelas foram essas!

As primeiras estrelas do universo, chamadas de estrelas de População III, se formaram a partir das nuvens primordiais praticamente livres de elementos químicos mais pesados do que o hélio, com 75% de hidrogênio. Em astronomia, todos esses elementos mais pesados do que o hélio são chamados coletivamente de *metais* e a quantidade deles, em proporção ao hidrogênio, é chamada de *metalicidade*. Estrelas formadas com gás de metalicidade zero podem agregar mais massa, são mais quentes e muito mais brilhantes. Modelos teóricos mostram que poderiam ter chegado a mil vezes a massa do Sol, coisa impossível de acontecer no universo moderno. Conforme essas estrelas supermassivas brilhavam, emitiam luminosidade de alta energia aos montes, ionizando o meio interestelar novamente. As primeiras estrelas, muito quentes e brilhantes, ionizaram o gás interestelar, voltando a destacar os elétrons de seus átomos, dando início à reionização do universo, que volta a brilhar, marcando o fim da Era das Trevas.

Por volta dos 300 milhões de anos de idade do universo surgiram as primeiras galáxias. Na verdade, encontramos galáxias já formadas quando o universo tinha por volta de 380 milhões de anos, então é provável que as primeiras tenham começado a se formar quando ele tinha por volta de 150-200 milhões de anos.[8]

As primeiras galáxias se aglutinaram a partir da interação gravitacional entre elas para formar protoaglomerados por volta de 1 bilhão de anos. Depois de 3 bilhões de anos do Big Bang, os primeiros aglomerados de galáxias se formam, e com 5 bilhões de anos é a vez dos superaglomerados. Ambas

---

[8] Mais números incertos que o James Webb vai conseguir melhorar.

as estruturas se organizam formando "paredes" e longos filamentos, entremeados por "vazios", verdadeiras bolhas onde quase não encontramos galáxias, dando ao universo uma aparência esponjosa. Filamentos e vazios podem se somar mutuamente, criando enormes estruturas povoadas de galáxias, ou o inverso, enormes vazios com poucas galáxias. Essa estrutura pode ser identificada em grandes distâncias no universo, se repetindo da mesma forma, qualquer que seja a direção da qual se observe.

Figura 9: *Mapa do universo obtido pelo projeto Sloan Digital Sky Survey onde é possível ver a estrutura esponjosa formada pelos filamentos de galáxias, bem como os vazios entre eles.*

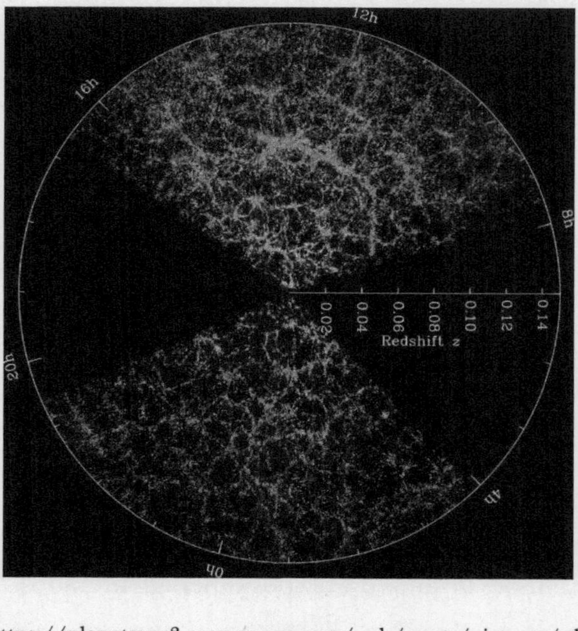

Fonte: https://planetary.s3.amazonaws.com/web/assets/pictures/sdss-map-universe-orangepie.jpg. Acesso em: 12 dez. 2023.

3
Com Grandes Telescópios Vêm Grandes Descobertas

A teoria do Big Bang é muito robusta para descrever o universo, mas não nasceu completa, ou fechada, como se costuma dizer. Ela está muito bem assentada nos três pilares que vimos anteriormente e que são características *observadas* do universo, ou seja, impossíveis de serem derrubadas. O cenário que melhor se adapta a todos os três pilares ao mesmo tempo é aquele descrito nos capítulos anteriores, o Big Bang. Contudo, essa teoria precisou de alguns ajustes finos para que pudesse descrever o universo como observamos. Um deles foi a Era da Inflação, que precisou ser enxertada para que tivéssemos uma explicação plausível para o fato de observarmos as grandes estruturas do universo (com a participação das flutuações quânticas) — dado que vivemos em um universo plano e isotrópico, ou seja, sempre igual quando observado a grandes distâncias, não importa a direção em que observamos. O processo físico que deu origem ao período inflacionário ainda é um mistério, mas sabemos que o universo passou por algo dessa natureza por causa das evidências observacionais.

A inflação cósmica não é o único dos ajustes finos, ou remendos, como preferem os detratores do Big Bang.[9] Veremos a seguir mais dois ajustes muito importantes.

3.1. O que os olhos não veem a gravidade sente

Por volta de 13,8 bilhões de anos após o Big Bang, mais precisamente em 1933, o astrônomo suíço Fritz Zwicky percebeu algo inusitado ao estudar as galáxias em aglomerados distantes. Ele media a velocidade com que essas galáxias orbitavam umas às outras, tal qual um gigantesco enxame de abelhas. A velocidade das galáxias em aglomerados é ditada pela gravidade combinada de cada uma delas, que por sua vez depende de suas massas. Medindo a luminosidade de cada galáxia, pode-se estimar a quantidade de matéria de cada uma, de modo que é possível determinar a massa do aglomerado em si. Costuma-se chamar estimativas baseadas nesse método de *matéria luminosa.* Zwicky media velocidades muito maiores do que a esperada para o aglomerado. Era como se estivesse faltando alguma coisa, pois pela quantidade de matéria luminosa as galáxias viajariam pelo espaço de forma bem mais lenta. Como não seria esse o caso, uma vez que seus cálculos estavam baseados em propriedades da teoria da gravidade, testada e retestada por séculos, deveria haver algum tipo de matéria que não brilhava — fosse no visível, no infravermelho, via rádio ou por raios X. Não podendo ser o mesmo tipo de matéria luminosa

---

[9] Sim, eles ainda existem.

Figura 10: *Arcos produzidos por efeito de lente gravitacional oriundo da distribuição de matéria escura no aglomerado Abell 1689.*

Fonte: https://upload.wikimedia.org/wikipedia/commons/0/0b/Gravitationell-lins-4.jpg. Acesso em: 12 dez. 2023.

usada para calcular a massa do aglomerado, Zwicky cunhou o termo *matéria escura.*

A bem da verdade, Zwicky não foi o primeiro a falar em matéria escura. Lord Kelvin, durante uma palestra em 1884, postulou a existência de corpos escuros orbitando o centro da Via Láctea. Em 1906, Henri Poincaré usou pela primeira vez o termo matéria escura ao comentar o trabalho de Kelvin. Zwicky foi o primeiro a calcular a discrepância entre quantidade de matéria medida pela luz das galáxias e a quantidade de matéria medida pela velocidade orbital das galáxias em aglomerados. Depois de Zwicky, outros pesquisadores se debruçaram sobre o problema, reproduzindo seus resultados, mas com amostras pequenas.

Nas décadas de 1960 e 1970, Vera Rubin, Kent Ford e Kent Freeman encontraram mais evidências desse efeito produzido pela matéria escura em galáxias. Já no final da década de 1970, Rubin e Ford, usando um espectrógrafo mais preciso, mediram a velocidade de rotação de galáxias espirais vistas de perfil. Os resultados foram surpreendentes: ao contrário do previsto pela Segunda Lei de Kepler, a velocidade de rotação das galáxias se mantinha praticamente constante para regiões mais distantes do núcleo. De acordo com Kepler, quanto mais distante da maior concentração de massa, menor a velocidade. Pense no nosso próprio Sistema Solar. Esse resultado aponta para a existência de uma distribuição uniforme da matéria escura englobando toda a galáxia. Rubin e Ford, não só conseguiram confirmar a existência da misteriosa matéria escura como também demonstraram que ela deveria estar presente em todas as galáxias do universo! Em 1980, um artigo seminal encabeçado por Rubin conclui que deve haver pelo menos seis vezes mais matéria escura do que matéria luminosa no universo. A partir dessa data, uma torrente de observações testou e confirmou os resultados de Rubin e colaboradores, inclusive usando os efeitos de lente gravitacional produzidos pela matéria escura.

Honrando seu nome, a matéria escura não pode ser vista em nenhuma faixa do espectro eletromagnético, seja

Figura 11: *Fritz Zwicky e Vera Rubin, pioneiros no estudo da matéria escura em aglomerado de galáxias e como constituinte principal de galáxias, respectivamente.*

Fonte: https://en.wikipedia.org/wiki/Fritz_Zwicky#/media/File:ETH-BIB-Zwicky,_Fritz_(1898-1974)-Portr_01030.tif (Fritz Zwicky); https://en.wikipedia.org/wiki/Vera_Rubin#/media/File:Vera_Rubin_measuring_spectra.jpg (Vera Rubin). Acesso em: 12 dez. 2023.

luz, raios X, rádio ou infravermelho. Pode ser detectada apenas por sua interação gravitacional, como Zwicky e Rubin observaram em aglomerados de galáxias e em galáxias individuais, respectivamente. Ao contrário da matéria comum, também chamada de bariônica, por se constituir de bárions (átomos de uma forma geral), não há nenhuma partícula conhecida até o momento que possa responder pelas propriedades observadas. Como demonstram os resultados obtidos da dinâmica e das lentes gravitacionais, a matéria escura não pode ser percebida senão em grandes escalas. No nosso sistema solar, por exemplo, não precisamos incluir a influência da matéria escura nos cálculos da trajetória das naves espaciais, pois ela é determinada pela gravidade do Sol e dos planetas envolvidos nas manobras.

Figura 12: *Aglomerado do Projétil é um aglomerado de galáxias que sofreu uma colisão tão violenta que a matéria escura, mostrada em azul após simulação numérica, foi deslocada da matéria ordinária, representada pela nuvem de raios X em rosa.*

Fonte: https://en.wikipedia.org/wiki/Bullet_Cluster#/media/File:1e0657_scale.jpg. Acesso em: 12 dez. 2023.

Análises detalhadas da RCF mostram que a matéria escura já estava presente desde o início do universo e é constituinte essencial dele — representando quase 27% de tudo. Todavia, nenhuma teoria de criação do universo (Big Bang incluso) conseguiu prever a matéria escura. Até o momento, ninguém tem uma explicação razoável. Tentativas não faltam: por exemplo, na década de 1990 havia a hipótese de que objetos massivos e compactos do halo (MACHO na sigla em inglês) formariam a matéria escura. Os objetos massivos e compactos são anãs brancas, estrelas de nêutrons ou mesmo buracos negros pequenos que, ao passar à frente de estrelas mais distantes, provocariam um breve *flash* de luz através de uma lente gravitacional temporária (ou transiente). Vários experimentos para se detectar esse tipo de evento estão até hoje em operação, mas rapidamente ficou claro que a quantidade de MACHOS que pudesse provocar o efeito observado teria que ser muito grande. Até mesmo o Grande Colisor de Hádrons (LHC na sigla em inglês) já esteve envolvido numa tentativa de encontrar alguma partícula exótica que possa ser a chave para desvendar esse mistério.

3.2. Venha para o lado escuro da energia

As coisas pareciam ir muito bem com o Big Bang depois de incorporado esse pequeno detalhe chamado matéria escura. Claro, inserir uma característica do universo que não estava prevista na hipótese inicial e que nem sequer possui uma explicação plausível causa desconforto, mas em termos da descrição do universo como conhecemos é necessário e se justifica. Os teóricos que se virem para explicar. Mas tem mais.

A década de 1990 foi um desses períodos da história em que os avanços tecnológicos se concretizam em instrumentos mais potentes. A astronomia viu não só o lançamento do telescópio espacial Hubble acontecer, como viu também a inauguração dos primeiros telescópios da classe de 8 m de diâmetro em locais remotos como o alto de um vulcão adormecido no Havaí. Enquanto o Hubble se beneficia da ausência de atmosfera, que absorve e deforma a luz dos astros, os telescópios de 8 m trazem uma capacidade de enxergar mais fundo no universo, observando galáxias e quasares mais distantes e, por isso mesmo, mais antigos.

Além de dobrar em diâmetro dos telescópios (o que significa quadruplicar a área coletora de luz), os novos observatórios trouxeram várias inovações que permitiram uma pequena revolução na astronomia. Com a desclassificação de tecnologias secretas das Forças Armadas norte-americanas, câmeras para observar no infravermelho e dispositivos que compensam e praticamente removem os efeitos da turbulência atmosférica nas imagens astronômicas ficaram disponíveis para fins mais nobres. No final da década os resultados de tanto investimento começaram a surgir.

Em 1998, o High-Z Supernova Search Team, extensa campanha de observações de supernovas muito distantes, publica seus primeiros resultados mostrando que galáxias muito distantes estavam "se afastando mais rápido do que o previsto". Algumas semanas depois, já em 1999, um outro time de cosmólogos publica os resultados de uma campanha semelhante, o Supernova Cosmology Project, que de forma independente chegou às mesmas conclusões. Em resumo, os resultados de ambos os times (depois confirmados por outros projetos e outros métodos) mostraram que o universo se expande de forma *acelerada*. Oi?

Figura 13: *Diagrama de brilho de supernova dos projetos que descobriram a energia escura. Ambos indicam que as supernovas sofreram um afastamento maior do que o previsto pela lei de Hubble-Lemaître em um movimento acelerado.*

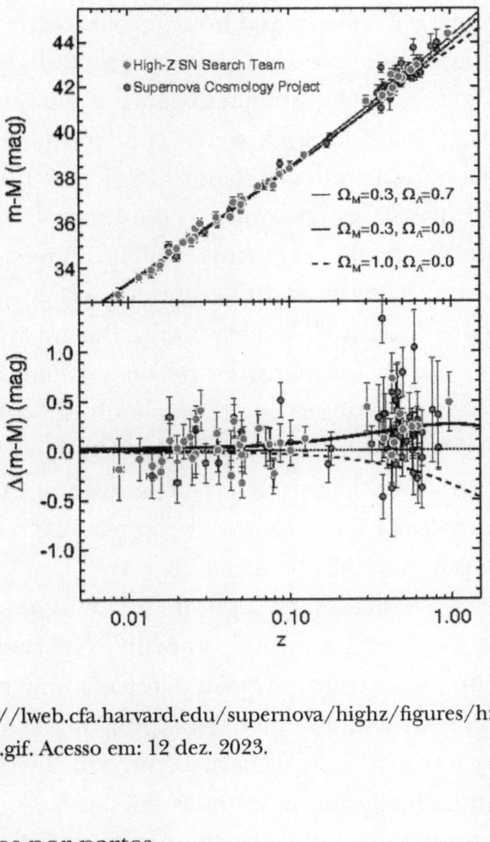

Fonte: https://lweb.cfa.harvard.edu/supernova/highz/figures/hz_highzhub_col_bothbig.gif. Acesso em: 12 dez. 2023.

Vamos por partes.

Com a capacidade de enxergar mais longe (e mais para o passado) ampliada pelos novos instrumentos, ambos os times fizeram uma longa campanha para observar supernovas em galáxias muito distantes. Vimos lá atrás que supernova é o estágio final de vida de uma estrela com muita massa, mais ou menos dez vezes a massa do Sol, mas esse é apenas um tipo de supernova, chamada de tipo II, cujos detalhes conheceremos no próximo capítulo. Um outro tipo de supernova muito importante, conhecida como tipo Ia, é muito usado na cosmologia como uma "vela padrão" para se obter a distância até a galáxia em que houve a explosão.

As supernovas do tipo Ia acontecem quando um sistema binário é composto de uma anã branca e uma estrela não tão evoluída. A anã branca representa o estágio final de uma estrela de pouca massa, como o Sol, que pode conter até 1,4 massas solares, espremidas em um volume de raio equivalente ao raio da Terra (uns 7 mil quilômetros). Nesse sistema, a anã branca captura matéria da outra estrela ao longo dos milênios, aumentando sua massa durante esse tempo. Se ultrapassar o limite de 1,4 massas solares, explode como uma supernova. Como o limite para disparar a explosão é bem preciso, as supernovas do tipo Ia possuem praticamente as mesmas características, sobretudo no brilho máximo atingido, e é isso que as torna velas padrão, ou seja, verdadeiros indicadores de distância.

A analogia funciona da seguinte maneira: imagine que você tenha uma vela comum, cujo brilho possa ser medido precisamente. Se encontrar velas iguais (ou muito parecidas) observando com uma luneta e conseguir medir seu brilho, basta comparar o brilho da sua vela com o brilho da vela distante. Certamente a sua vai ser mais intensa e o decréscimo de brilho registrado é decorrente da distância, que pode ser calculada a partir desse enfraquecimento. Basta trocar a vela por uma supernova Ia e aplicar o mesmo raciocínio para se obter a distância até a galáxia onde ocorreu essa explosão. E como isso tudo chacoalhou nosso conhecimento do universo?

Os resultados dos dois programas de observação mostraram que as galáxias mais distantes observadas em suas amostras tinham velocidade de afastamento *maior* do que a lei de Hubble-Lemaître prevê, ou seja, tinham um acréscimo de velocidade não previsto pela cosmologia. Como diria Zagallo, técnico da seleção brasileira de futebol na Copa do Mundo de 1974: Aí sim, fomos surpreendidos novamente!

E por que a surpresa? Porque a física básica, muito bem descrita por Isaac Newton em suas três leis da dinâmica, nos descreve que para que a velocidade de um corpo mude é preciso que uma força esteja agindo sobre ele. Todavia, a única força agindo em grandes distâncias é a gravidade, que é atrativa! Em outras palavras, se a velocidade das galáxias tivesse que mudar, seria para menos, não para mais. Esse efeito era parte do cenário para a descrição do futuro do universo em meados da década de 1990, quando se discutia se a matéria presente no universo seria capaz de diminuir a velocidade das galáxias, até que, ao invés de se afastarem umas das outras, elas começariam a se aproximar, até chegar a uma situação semelhante ao Big Bang. Outras duas situações discutidas à época ainda faziam menção à quantidade de matéria do universo. A matéria existente nos aglomerados de galáxias produziria a força da gravidade combinada exatamente igual ao necessário para frear a expansão e manter o universo estático. Ou então, que a força de gravidade não seria capaz de frear, nem de reverter, a expansão do universo, e ele estaria destinado a uma expansão eterna. Mas e agora, com esse empurrão que faz as galáxias viajarem mais rápido que o previsto? O que poderia estar empurrando as galáxias e aglomerados cada vez mais rápido, *acelerando* a expansão do universo?

Bom, vamos lá. Não poderia ser uma força, pois a única força de caráter repulsivo é a eletromagnética, que afasta partículas com cargas elétricas iguais ou polos magnéticos iguais. No entanto, galáxias não são cargas elétricas, nem ímãs. Para piorar, das três forças fundamentais da física, a única que atua a grandes distâncias é a gravidade, e seu caráter é atrativo. Seu efeito é de uma pressão *negativa*, algo que promove não uma compressão, mas sim uma expansão. Em resumo, não poderia ser uma força, ao menos não uma das conhecidas.

Em razão de todas essas questões, esse ingrediente misterioso observado no universo distante foi batizado de energia escura, seguindo o mesmo princípio da matéria escura: não conseguimos identificar sua origem, apenas observamos seus efeitos. Outro aspecto enigmático da matéria escura é que seu papel nas grandes estruturas só fica evidente depois que o universo atinge 6-7 bilhões de anos. Isso significa que ela começa a dominar a evolução do universo 7 bilhões de anos depois do Big Bang. Não é o caso de ela surgir apenas depois de todo esse tempo, mas sim que, antes disso, seus efeitos eram mascarados por aqueles gerados pelos outros elementos do universo. Com tudo isso, a pergunta que nos persegue desde o dia de sua descoberta é: "Qual a origem da energia escura?". Por mais que ela seja misteriosa, não estamos na total escuridão.[10]

Várias hipóteses já foram propostas, e algumas já descartadas, mas a mesa ainda está repleta de ideias prontas para serem testadas. Uma delas supõe que a gravidade se desvia do comportamento previsto pela Teoria da Relatividade de Einstein nas escalas gigantescas de distância e precisaria

[10] Perdão, mas não consegui deixar passar.

de uma correção. Outra propõe a existência de uma quinta interação fundamental, chamada de quintessência. Uma das hipóteses mais bizarras diz que o total de massa do universo não seria positivo, o que pressupõe a existência de massa *negativa*.[11] Com tanta hipótese, digamos, criativa, já pensou se a resposta estivesse bem debaixo do nosso nariz? Bom, alguém já pensou.

Uma hipótese interessante nos fala que a energia escura teria origem no mundo quântico, representada pela energia do vácuo. De acordo com a mecânica quântica, por mais vazio que seja o espaço ou o vácuo, você não será capaz de medir uma quantidade zero de energia. Existe um valor mínimo de energia, que pode, inclusive, ser medido através do efeito Casimir. Mais ainda, nesse espaço supostamente vazio, ocorrem as famosas flutuações quânticas em que pares de partícula e antipartícula estão sendo criados. As flutuações podem ter qualquer valor de energia acima do valor mínimo da energia do vácuo, de modo que quanto maior esse valor, maior será a massa das partículas nos pares criados. Energias altas são menos prováveis, mas não impossíveis. Inclusive, poderia ter havido uma flutuação com tanta energia, há 13,8 bilhões de anos, que teria dado origem ao universo. Não só a esse que conhecemos, mas também a muitos outros que puderam ter a chance de sobreviver ao aniquilamento subsequente e evoluído. Voltando ao contexto da expansão acelerada do universo, essa energia do vácuo formaria uma componente na descrição do universo, inserida como a famigerada constante cosmológica nas equações da relatividade geral.

---

[11] Não confundir com antimatéria, que é produzida a todo instante pelos raios cósmicos e nada mais é do que existir uma partícula elementar, como o elétron, mas com carga positiva. Essa partícula chama-se pósitron, e ao encontrar um elétron ocorre um aniquilamento, produzindo raios gama.

É até irônico pensar que ela foi introduzida com o propósito de *frear* o universo, para mantê-lo estático. Depois, foi retirada para condizer com um universo em expansão para, agora, ser reintroduzida com o objetivo de *acelerar* a sua expansão. No fundo, a energia escura seria a contribuição do mundo quântico aos elementos que constituem o universo, juntando-se à matéria escura e à matéria comum. A junção desses três elementos forma o Modelo Cosmológico Padrão, conhecido como ΛCDM, em que a constante cosmológica é representada por Λ (a letra grega lambda maiúscula) e CDM vem de *cold dark matter*, ou matéria escura fria.

Figura 14: *Composição do universo em duas idades diferentes, como obtida pelo satélite WMAP.*

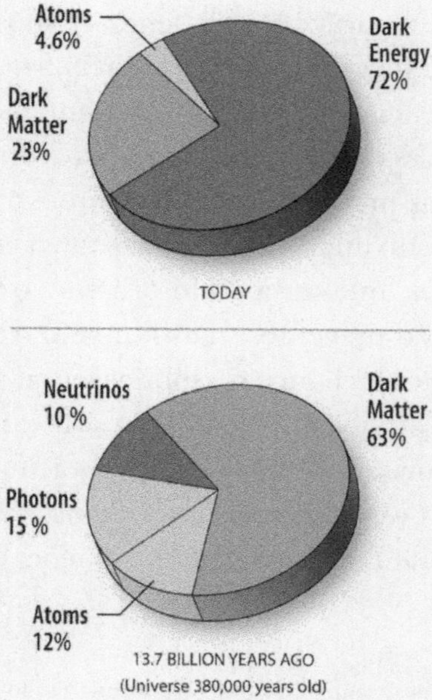

Fonte: https://upload.wikimedia.org/wikipedia/commons/3/30/Universe_content_pie_chart.jpg. Acesso em: 12 dez. 2023.

Apesar de tantas perguntas sem respostas, podemos dizer que conseguimos descrever o universo de maneira fidedigna a partir do modelo padrão. Veja só, a descrição dos eventos transcorridos durante a evolução do universo a partir dos 20 milhões de anos de idade até os dias atuais pode ser reproduzida em simulações computacionais utilizando o Modelo Cosmológico Padrão. As simulações utilizam como condições iniciais as informações que conseguimos extrair da RCF e produzem mapas em larga escala do universo conforme ele evolui. Os resultados dessas simulações mostram, com um grau maior ou menor de detalhes, um panorama idêntico aos observados pelos grandes projetos de mapeamento do universo. Isso nos diz que, sim, estamos caminhando de forma segura.

4
Cozinhando nas Estrelas

Meu Deus, está cheio de estrelas!

— David Bowman, *2001: Uma Odisseia no Espaço*

Se você olhar para o céu noturno e ele não estiver encoberto por nuvens, verá minúsculos pontos brilhando em diferentes intensidades e cores. Isso vai acontecer em qualquer época do ano e em qualquer lugar do planeta, mesmo em grandes cidades. Você terá descoberto as estrelas. Saindo das grandes cidades e observando o céu de um local bem escuro, não só vai notar que existem muito mais estrelas do que consegue contar (descobrindo o papel nefasto da poluição luminosa) como de quebra vai perceber uma faixa de brilho pálido leitoso cruzando o céu (especialmente se for perto do inverno no hemisfério sul), entremeada por outras manchas escuras onde parece não existir estrelas. Agora, você terá descoberto a projeção da Via Láctea, a nossa galáxia, bem como suas inúmeras nuvens de poeira que obscurecem a luz de estrelas mais distantes. E sinta-se um privilegiado, pois quase dois terços da humanidade nunca viram a Via Láctea.

Observando atentamente as estrelas, irá constatar que elas mudam de posição no transcorrer das horas. Novas estrelas surgirão na direção do leste, enquanto outras mergulharão no horizonte oeste. Você terá descoberto o movimento de rotação da Terra. Sendo um observador resiliente e observando o movimento das estrelas ao longo das semanas, deverá notar que as estrelas estarão sempre um pouco mais adiante do que estavam na semana anterior, no mesmo horário da noite. Inclusive, ao longo dos meses, algumas estrelas não irão nascer durante a noite. Você terá descoberto o movimento de revolução da Terra em torno do Sol. Durante esse período todo irá perceber outros pontos de luz brilhando com intensidades e cores diferentes, desde um brilho claro e intenso a um pálido amarelado. Esses pontos não têm posição fixa em relação às outras estrelas, parece que nem cintilam. Na maior parte do tempo estão seguindo a trajetória de leste a oeste, mas de vez em quando retrocedem seu movimento para depois retomar o caminho usual. Você acabou de descobrir os planetas do Sistema Solar. Durante esse tempo, a Lua esteve por perto, variando sua face iluminada passando de um fiapo para ficar "cheia" e depois regredir para outro fiapo. Mas, como um observador atento, descobriu que a face ora iluminada ora obscurecida tinha sempre as mesmas feições, com manchas escuras permeando uma superfície clara. Disso tudo, você pôde deduzir que a Lua é um corpo celeste orbitando a Terra, cujo período de rotação em torno de seu eixo coincide com o período de revolução em torno da Terra. Ufa!

Figura 15: *Via Láctea sobre o observatório ESO e três de seus telescópios de 8 m. Um deles aponta um laser na direção do núcleo usando uma técnica para minimizar o efeito da atmosfera nas imagens. Ao centro, Júpiter e Antares (alaranjado) se destacam pelo brilho.*

Fonte: https://upload.wikimedia.org/wikipedia/commons/4/43/ESO-VLT-Laser-phot-33a-07.jpg. Acesso em: 12 dez. 2023.

Em poucas linhas repetimos uma trajetória percorrida pela humanidade em vários séculos, acumulando mais e mais informações que permitiram descrever o universo tal qual era observado. O mistério da existência e do comportamento dos astros no céu aguçou a curiosidade humana e bastaram apenas um pouco de organização e muita dedicação para se tornar uma ciência. Depois de lidar com coisas tão esquisitas quanto inexplicáveis (até o momento), chegou a hora de conhecermos mais sobre os personagens que ajudaram a consolidar o desenvolvimento da inteligência humana.

Comecemos pelas estrelas, os elementos mais importantes do universo. Essa afirmação é fortemente enviesada pelo fato de eu ser um astrônomo estelar, estudando os mecanismos de formação de estrelas, mas não é um exagero. Se hoje estamos aqui, eu, você e a torcida do São Paulo, as estrelas fizeram isso acontecer.

4.1. Nasce uma estrela

Na etapa em que você descobriu a Via Láctea, também descobriu as nuvens de poeira que produzem regiões escuras na mancha leitosa, lembra? Pois bem, elas contêm poeira, sim, mas são compostas principalmente de gás. O gás por sua vez é composto majoritariamente de hidrogênio, com pitadas de hélio e outras espécies químicas, em quantidades ainda menores. Essas nuvens são chamadas de nuvens moleculares por conterem moléculas de metano, amônia, água, dióxido de carbono, entre muitas outras. São o reservatório de matéria que abastece a formação de estrelas. Antes de entrar nos detalhes do processo todo, vamos dividir as estrelas em duas categorias, as estrelas com pouca massa e as com muita massa, ou massivas. A diferença entre as duas categorias está na quantidade de matéria total que conseguem acumular durante sua formação: a primeira abriga estrelas com, no máximo, dez vezes a massa Sol (ou dez massas solares). Já a segunda é composta do restante, ou seja, das estrelas com dez ou mais massas solares. A massa inicial de uma estrela determina suas características físicas e toda a sua evolução, desde a sua formação até seus últimos estágios de vida.

As nuvens moleculares podem ter massa entre milhares e centenas de milhares de massas solares e podem ter temperaturas entre 20 e 100 K. Nesse estado, as nuvens estão gravitacionalmente em equilíbrio, ou seja, não têm nenhuma tendência de se dissipar ou de colapsar. Para que uma nuvem molecular inicie seu processo de colapso,

Figura 16: *Panorama da Via Láctea obtido pelo satélite Gaia destacando suas nuvens escuras. As nuvens identificadas com o nome na cor branca são nuvens moleculares com estrelas em formação.*

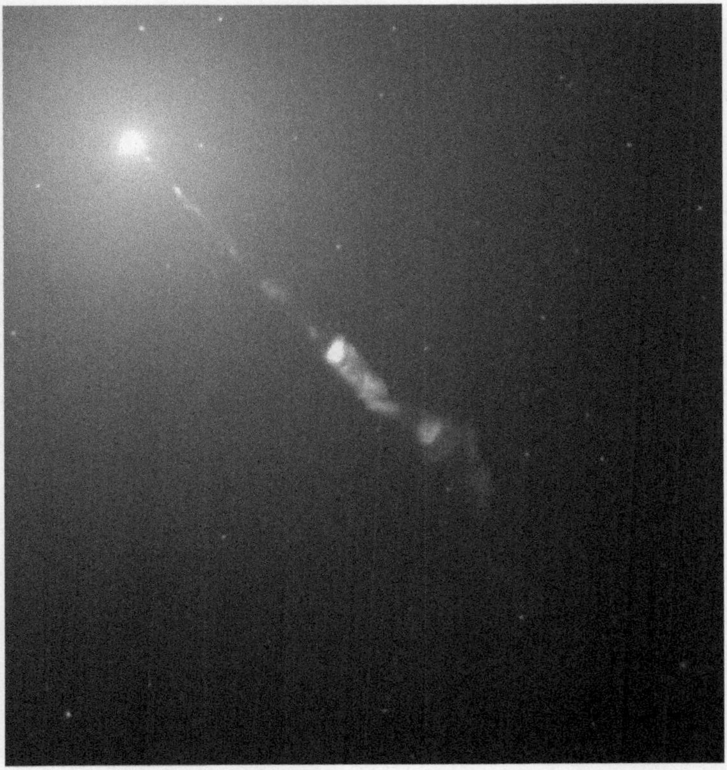

Fonte: https://hubblesite.org/contents/media/images/2000/20/968-Image.html. Acesso em: 14 dez. 2023.

é necessário um estímulo externo, como ondas de densidade que produzem os braços nas galáxias espirais, ou uma explosão de supernova, cujos detalhes veremos mais adiante. Um evento de supernova provoca uma onda de choque que pode varrer a galáxia inteira e, ao encontrar uma nuvem molecular, pode fazê-la se fragmentar. Cada fragmento é uma região onde o gás se compactou, ficando com a densidade ligeiramente maior que suas imediações. É chamado de núcleo pré-estelar. Se sua densidade é maior, começa a puxar o gás à sua volta, dando início ao processo de colapso da nuvem. A fragmentação se dá de forma desigual no interior da nuvem, de modo que haverá núcleos com mais massa do que outros. Com isso, os mais densos capturam mais gás e mais rapidamente do que os núcleos de baixa densidade. Isso dá origem a uma vasta população que pode chegar a dezenas de milhares de estrelas com diferentes massas em uma mesma nuvem.

Existem duas particularidades interessantes nessa etapa da formação estelar. A primeira é que o valor da massa da estrela mais massiva formada pela nuvem será determinado pela massa total da nuvem — e de uma forma bem peculiar: nuvens com pouca massa, digamos 10 mil massas solares, não favorecem a formação de estrelas massivas. Uma nuvem como essa provavelmente não irá formar nenhuma estrela acima de 10-15 massas solares. Para que consiga formar uma estrela acima de 40-50 massas solares, a massa inicial deve bater na casa das 100 mil vezes a massa do Sol! A segunda particularidade é que a formação de estrelas segue uma distribuição escalonada pela massa, conhecida como Função de Massa Inicial (IMF na sigla em inglês).

A IMF foi proposta pelo astrônomo austríaco Edwin Salpeter em 1955 e estabelece que o número de estrelas de determinada massa cai rapidamente com o aumento da massa da estrela. A lei de Salpeter foi obtida de forma empírica, e desde que foi proposta tem se mostrado universal, ou seja, todos os aglomerados observados parecem seguir essa prescrição, independentemente da massa inicial da nuvem. Apenas recentemente algumas pequenas discrepâncias têm sido notadas, sugerindo que a IMF também possa depender de outros parâmetros. Em uma analogia simples, a distribuição se faz na forma de uma pirâmide: coloque no topo a quantidade de estrelas com o máximo de massa que contêm, por exemplo uma estrela com 100 massas solares. A lei de Salpeter prevê que iremos encontrar por volta de três estrelas com 50 massas solares, dez com 25, 25 estrelas com 15 massas solares, 140 com 5 massas solares, 2 mil estrelas como o Sol e pelo menos 6300 estrelas com metade da massa do Sol. A conclusão imediata que podemos tirar desses números é que, se o universo conspira para alguma coisa, é para formar estrelas com pouca massa. Estrelas massivas são extremamente raras e estima-se que na nossa galáxia existam entre 10-20 mil delas, dentro de um total de 200 bilhões de estrelas.

Quando os fragmentos entram em colapso, deixando o núcleo pré-estelar mais quente e com mais massa, a matéria se distribui na forma de um disco e não "desaba" diretamente para o centro. Esse efeito é decorrência de movimentos internos do gás na nuvem, e só depois de passar pelo disco, chamado de disco de acreção, é que o gás vai para o centro do fragmento. Com a constante transferência de matéria, o núcleo fica mais e mais massivo, fazendo com que sua temperatura aumente gradativamente. A partir disso, ele passa a brilhar bastante no infravermelho. Esse estágio é conhecido como protoestrela.

Uma estrela realmente nasce quando o acúmulo de matéria atinge mais ou menos 10% da massa do Sol, de modo que a compressão exercida pelas camadas exteriores da protoestrela faz a temperatura das partes centrais atingir por volta de 4 milhões de graus. Nesse instante, os valores de temperatura e pressão no núcleo da estrela atingem as condições para que os núcleos de hidrogênio se fundam, formando núcleos de hélio. Em outras palavras, a estrela passa a fazer fusão nuclear e a produzir energia a partir dela. No início, o processo não é estável. O que ocorre é que a estrela passa por um período de pulsação até que atinja um equilíbrio, chamado de equilíbrio hidrostático. A partir disso, a estrela deve fazer a fusão do hidrogênio em hélio de forma contínua e vai permanecer assim até o final de seus dias.

Figura 17: *Esquerda: Representação artística de um disco circunstelar transferindo matéria para a protoestrela em seu centro. Direita: Imagens de discos circunstelares vistos de perfil em protoestrelas da Nebulosa de Órion observados pelo telescópio espacial Hubble.*

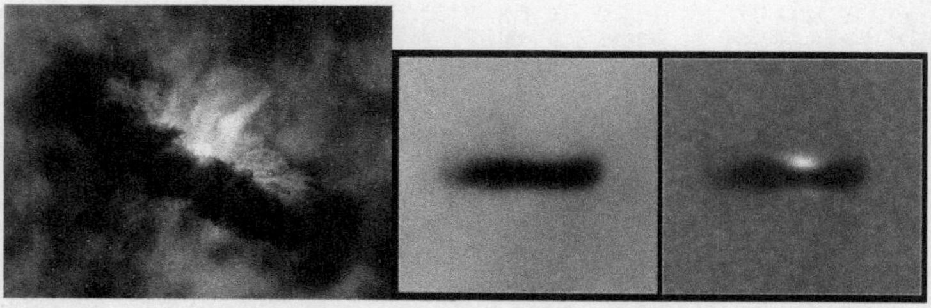

Fonte: https://www.spitzer.caltech.edu/image/ssc2007-14d-planet-forming-disk-around-a-baby-star (esquerda); https://hubblesite.org/contents/media/images/1995/45/359-Image.html (direita). Acesso em: 12 dez. 2023.

O processo de formação estelar através de disco de acreção parece ocorrer tanto para as estrelas com pouca massa quanto para as estrelas massivas. Entretanto, a segunda categoria guarda algumas diferenças interessantes. Como as estrelas massivas conseguem acumular massa de forma mais rápida, atingem o limite mínimo para fusão nuclear de forma bem mais rápida também. Para você ter uma ideia, uma estrela de 50 massas solares deve estar plenamente formada em menos de 500 mil anos, ao passo que uma estrela como o Sol deve levar por volta de 5 milhões de anos. O processo de acreção em estrelas massivas é tão intenso que elas continuam a acumular matéria mesmo depois de começar a fundir o hidrogênio em hélio, a despeito da irradiação provocada pela liberação de energia. Já estrelas com pouca massa, com uma taxa de acreção bem menor, começam a dissipar o material à sua volta assim que acendem sua fornalha nuclear.

A radiação e os ventos estelares produzidos pelas estrelas massivas são tão intensos que destroem não só o disco de acreção ao seu redor, mas também os discos de acreção das outras estrelas da mesma nuvem, abreviando ou mesmo interrompendo o processo de formação de outras estrelas. No caso das estrelas de pouca massa, o que sobrou do disco protoestelar vai ser dissipado aos poucos, permitindo que o gás consiga se aglutinar em alguns pontos. Nesse estágio, o disco passa a se chamar disco protoplanetário e as aglutinações, chamadas de planetesimais, vão evoluir e se tornar planetas no futuro.

A temperatura de uma estrela é fortemente relacionada à sua massa: quanto maior a massa, mais quente é a estrela. Por essa razão, quando falamos sobre estrelas frias na astronomia, estamos nos referindo àquelas com pouca massa. O contrário também é verdadeiro. E lembra que no início do capítulo você descobriu que as estrelas têm cores diferentes? Adivinhe quem é responsável por isso? A massa delas.

Uma estrela massiva é mais quente e quanto mais quente, mais azulada ela é. Uma estrela de pouca massa é mais fria e mais avermelhada. Em astronomia, a escala de temperatura é representada pela escala de cores, de modo que do mais frio para o mais quente vamos do vermelho ao azul, passando pelo laranja, amarelo e branco. Isso é o inverso da escala de cores/temperatura da arquitetura e do design, por exemplo, que deve fazer uma associação com a percepção usual das pessoas. Toda vez que vou a uma loja comprar lâmpadas, uma parte de mim tem vontade de chorar, pois elas são classificadas como luz fria branca, com temperatura de 6000 K, ou luz quente amarela, com temperatura de 3000 K.

A depender da massa (sempre), o núcleo de uma estrela terá temperaturas na ordem de milhões ou dezenas de milhões de graus, mas à medida que nos afastamos dele, a temperatura diminui bastante. Um fóton que é criado no núcleo (você pode pensar num fóton de luz para facilitar) vai ser absorvido, reemitido e reabsorvido zilhões de vezes até escapar, devido à grande opacidade do gás, que está totalmente ionizado. No nosso Sol, um fóton típico leva por volta de 1 milhão de anos para emergir de sua "superfície" depois de ser criado no núcleo. Essa superfície de onde os fótons escapam é chamada de fotosfera e terá uma coloração correspondente à sua temperatura.

4.2. As computadoras de Harvard

Uma classificação baseada apenas nas cores das estrelas não é suficiente para se determinar parâmetros físicos, como a massa. É interessante do ponto de vista didático, mas como determinar a temperatura de uma estrela só falando que ela é azul? Bom, para isso foi necessária a ação de um grupo de mulheres trabalhando como assistentes de pesquisa em Harvard.

As *Harvard Computers* eram um grupo de mulheres que trabalhavam no observatório do Harvard College no final do século XIX e início do século XX. Elas foram contratadas para processar dados astronômicos, incluindo medir o brilho das estrelas e classificá-las por seus espectros. As computadoras chegavam a ganhar menos do que trabalhadores braçais sem estudo algum, embora a maioria delas tivesse curso superior, em alguns casos em astronomia inclusive. Apesar dos desafios que enfrentaram, como essa defasagem salarial, muitas dessas mulheres fizeram contribuições significativas para a astronomia. Uma das mais notáveis foi Annie Jump Cannon.

Annie Jump Cannon nasceu em 1863 e se interessou por astronomia desde cedo. Começou a trabalhar no observatório de Harvard em 1896 e rapidamente se tornou uma trabalhadora qualificada, medindo o brilho das estrelas e classificando-as por seus espectros. Ela desenvolveu um sistema de classificação espectral estelar que ainda é usado, conhecido como Esquema de Classificação de Harvard, adotado como padrão oficial pela União Astronômica Internacional em 1922. Na época, o diretor do observatório, Charles Pickering, afirmou que ninguém no mundo conseguia fazer uma classificação espectral mais rápido do que Cannon. Nos três primeiros anos em que começou a trabalhar no catálogo, Cannon classificou por volta de mil estrelas, mas, decorridos cinco anos, sua taxa de classificação era de duzentas estrelas por hora!

Nesse sistema, Cannon dividiu as estrelas em sete classes espectrais, com as letras O, B, A, F, G, K e M, baseada na presença e intensidade de linhas atômicas correspondentes ao hidrogênio. Com o tempo, outras linhas espectrais foram usadas para refinar o método de classificação, tornando a tarefa muito mais precisa. Coube a outra astrônoma de Harvard, Cecilia Helena Payne, demonstrar em sua tese de doutorado, em 1925, que a sequência de OBAFGKM corresponde também a uma escala de temperatura das estrelas, sendo O a mais quente e azulada e M a mais fria e avermelhada. Cannon também atribuiu um número de 0 a 9 após o tipo espectral para definir subtipos a cada estrela. Este sistema foi um grande acontecimento na astronomia, pois permitiu a classificação mais precisa e eficiente das estrelas.

O trabalho de Cannon ajudou a estabelecer o observatório de Harvard como um dos principais centros de pesquisa astronômica e ela se tornou uma das astrônomas mais respeitadas e influentes de seu tempo. Apesar dos desafios que enfrentou como mulher em um campo dominado por homens, ela perseverou e fez contribuições significativas. Além de tudo, Cannon também era ativista pelos direitos das mulheres nos EUA, era sufragista e membro do Partido Nacional das Mulheres, extinto em 1921. Seus colegas de trabalho a descreviam como uma mulher com personalidade "exuberante".

Com o tempo, o sistema de classificação espectral foi sendo mais e mais refinado, explorando aspectos mais sutis

Figura 18: *Esquerda: Annie Jump Cannon, uma das computadoras de Harvard e criadora do sistema de classificação espectral de estrelas. Direita: Cecilia Helena Payne-Gaposchkin, que em sua tese de doutorado mostrou que as estrelas são consituídas majoritariamente de hidrogênio e hélio.*

Fonte: https://en.wikipedia.org/wiki/Annie_Jump_Cannon#/media/File:Annie_Jump_Cannon_1922_Portrait.jpg (Annie Jump Cannon); https://en.wikipedia.org/wiki/Cecilia_Payne-Gaposchkin#/media/File:Cecilia_Helena_Payne_Gaposchkin_(1900-1979)_(3).jpg (Cecilia Payne-Gaposchkin). Acesso em: 12 dez. 2023.

das linhas atômicas presentes nos espectros. Em 1943, por exemplo, uma sequência de números romanos de I a V foi introduzida e batizada de classe de luminosidade. As classes acabam especificando o estágio evolutivo de cada estrela, sendo I a classe das supergigantes, III a classe das gigantes e V a classe das anãs. Falar em estrela gigante em astronomia significa falar sobre seu estágio evolutivo, mais do que se referir ao seu tamanho. Só para deixar claro: sim, uma estrela gigante é de fato muito grande.

4.3. Uma fábula de anãs, gigantes e supergigantes

Quando uma estrela atinge as condições físicas para iniciar a fusão nuclear em seu núcleo, produzindo hélio a partir de átomos de hidrogênio, dizemos que ela iniciou sua vida, porque essa é a etapa mais longeva da evolução de uma estrela, seja ela massiva ou não. Nessa fase, todas as estrelas são chamadas de *anãs*, classe de luminosidade V, conforme vimos anteriormente. Mesmo que uma estrela do tipo tenha por volta de dez vezes o raio do Sol, portanto mil vezes o seu volume, enquanto ela estiver fundindo hidrogênio em hélio será chamada anã. É daí que vem o termo anã vermelha para estrelas de tipo espectral M. Estrelas de tipo espectral G, o mesmo do Sol, são chamadas de anãs amarelas. Durante a fase de anã, a estrela vai queimar o hidrogênio de forma estável, mantendo sua luminosidade e temperatura praticamente constantes desde o momento em que atingiu o equilíbrio hidrostático.

O tempo de permanência nesta fase vai depender da massa da estrela. A relação da temperatura com a massa, que vimos há pouco, mostra que quanto mais massa, mais quente. Estrelas massivas vivem bem menos do que estrelas de pouca massa. Para comparar, uma estrela do tipo O queimará hidrogênio por 3-4 milhões de anos. No máximo uns 5 milhões de anos. Tome o Sol por comparação: ele já está fundindo hidrogênio em hélio há 5 bilhões de anos e deve continuar assim por, mais ou menos, outros 5 bilhões. Uma anã vermelha, com metade da massa do Sol, deve viver por mais de 50 bilhões de anos, ou seja, as primeiras anãs vermelhas formadas no universo nem sequer chegaram à metade de suas vidas!

Mais ou menos na época em que a classificação espectral estava se consolidando como a ferramenta de estudo de estrelas, os astrônomos Ejnar Hertzsprung e Norris Russell criaram, de forma independente, um diagrama em que relacionavam a temperatura de uma estrela à sua magnitude absoluta, correspondendo ao brilho *emitido* por ela e não ao valor *medido* nos observatórios (chamado de magnitude aparente). Os dois astrônomos notaram que havia certos padrões na distribuição das estrelas. Aquelas consideradas anãs se perfilavam em uma faixa estreita numa diagonal ascendente, da direita para a esquerda. Essa diagonal abrigava a maioria das estrelas, justamente as anãs (classe V), e foi batizada de sequência principal. Outros três grupos proeminentes se destacavam nesse diagrama, reunindo as estrelas gigantes (classe III), as supergigantes (classe I) e as anãs brancas, que veremos em instantes. O diagrama de Hertzsprung-Russell rapidamente se revelou a mais importante ferramenta para estudar a evolução de estrelas.

E como as estrelas evoluem a partir da sequência principal? Isso vai depender de sua massa, mas em todos os casos as estrelas deixam a sequência principal assim que consomem o hidrogênio disponível para fusão. O reservatório de matéria disponível para fusão foi calculado pelo físico brasileiro Mário Schönberg e pelo físico indiano Subrahmanyan Chandrasekhar. Hoje é conhecido como limite de Schönberg–Chandrasekhar. Esse limite não é muito grande e representa por volta de 10-15% da massa total da estrela.

Uma estrela de pouca massa, como o Sol, esgota o combustível no seu núcleo, que sofre uma contração causada pela diminuição da temperatura. Todavia, a camada mais externa ao núcleo ainda continua queimando hidrogênio, de modo que enquanto o núcleo se contrai as camadas externas da estrela (chamadas de atmosfera) inflam. A contração do núcleo pode oferecer as condições de temperatura e pressão para que a fusão aconteça com o hélio, produzindo elementos mais pesados como o carbono, sustentando o núcleo por mais algum tempo. Quando até o hélio no núcleo se acaba, este sofre uma contração violenta a ponto de achatar toda a eletrosfera dos átomos em direção ao núcleo. A pressão e a densidade do núcleo se tornam tão grandes que os elétrons são forçados a ocupar orbitais que não ocupariam normalmente, e a matéria atinge um estado chamado de degenerado; com a massa equivalente à massa do Sol, mas com um tamanho semelhante ao da Terra, o núcleo terá uma densidade altíssima, temperatura superficial podendo chegar a 200 mil K, e passará a ser conhecido como uma anã branca. Com uma temperatura tão alta, as anãs brancas emitem muita radiação ultravioleta, ionizando o meio que as circunda. E o que seria? O envelope de gás que foi ejetado da estrela enquanto o núcleo se contraía. Observamos esse estágio sob a forma de um dos objetos mais bonitos da astronomia: as nebulosas planetárias.[12] A intensa radiação da anã branca acaba por dissipar o envelope ionizado, destruindo-o ao longo do tempo. Já a anã branca permanecerá emitindo um brilho pálido, resfriando lentamente até entrar em equilíbrio térmico com o universo. É bem possível que a primeira anã branca que surgiu na Via Láctea ainda esteja brilhando de forma bem discreta.

---

[12] Apesar do nome, as nebulosas planetárias não têm nada a ver com planetas. Na época em que os telescópios produziam imagens precárias, as nebulosas planetárias eram muito parecidas com o planeta Urano. O termo permaneceu por motivos históricos.

Figura 19: *Acima à esquerda: Nebulosa da Borboleta. Acima ao centro: Nebulosa do Caranguejo do Sul. Acima à direita: Nebulosa do Anel. Abaixo à esquerda: Nebulosa do Colar.* Abaixo ao centro: *NGC 2818. Abaixo à direita: Nebulosa do Olho do Gato.*

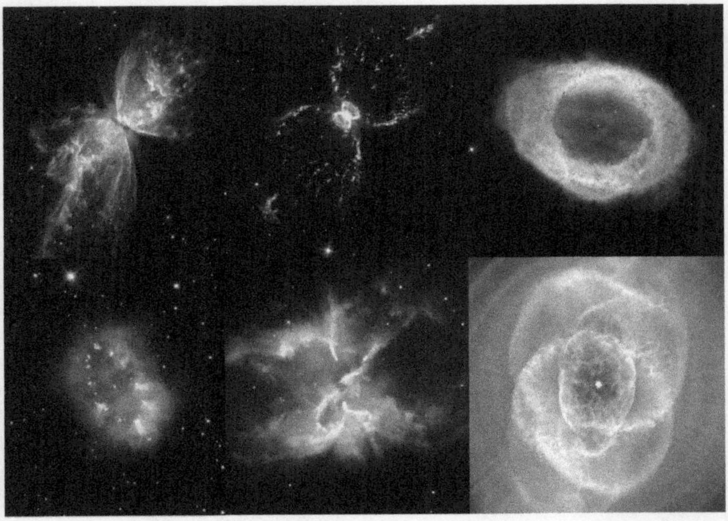

Fonte: https://hubblesite.org/contents/media/images/2009/25/2616-Image.html?page=3&keyword=planetary%2520nebulae (Nebulosa da Borboleta); https://hubblesite.org/contents/media/images/2019/15/4384-Image.html?page=1&keyword=planetary%2520nebulae (Nebulosa do Caranguejo do Sul); https://hubblesite.org/contents/media/images/2013/13/3170--Image.html?page=2&keyword=planetary%2520nebulae&filterUUID=5a370ecc-f605-44dd-8096-125e4e623945 (Nebulosa do Anel); https://hubblesite.org/contents/media/images/2011/24/2886-Image.html?page=3&keyword=planetary%2520nebulae&filterUUID=5a370ecc-f605-44dd-8096-125e4e623945 (Nebulosa do Colar); https://hubblesite.org/contents/media/images/2009/05/2464-Image.html?page=4&keyword=planetary%2520nebulae (NGC 2818); https://hubblesite.org/contents/news-releases/2004/news-2004-27.html (Nebulosa do Olho do Gato). Acesso em: 12 dez. 2023.

Quando olhamos a evolução das estrelas massivas, podemos ter em mente que todo o processo vai levar poucos milhões de anos e não vários bilhões, como as estrelas de pouca massa. Então vamos lá, depois de uns 10 milhões de anos (se tanto!) na sequência principal, a estrela massiva passa pelo mesmo processo de exaustão de hidrogênio. Lembre-se, apenas 10% da massa total da estrela está disponível para fusão nuclear do hidrogênio. Quando isso acontece, ela sai da sequência principal e seu núcleo repete o roteiro das suas irmãs de pouca massa, esfriando e se contraindo. Nesse caso, contudo, como a estrela tem muito mais massa, a contração é eficiente o bastante para dar ao núcleo condições para passar a fazer fusão do hélio em carbono, deixando um envelope ainda queimando hidrogênio, que acaba inflando. A estrela também passa pela fase de gigante. Quando o hélio acaba, adivinhe, o núcleo sofre outra contração e o peso das camadas exteriores é tão grande que garante condições para fundir o carbono em oxigênio, deixando uma casca onde ainda há fusão de hélio. Atingida essa etapa, a estrela se torna uma supergigante. Esse processo se repete sempre que o combustível da vez se exaure, com o núcleo se contraindo para fazer a fusão do elemento produzido na contração anterior, deixando também uma casca ainda fundindo o antigo combustível. Com essa repetição, a estrela vai sempre produzindo elementos mais pesados: oxigênio, magnésio, silício, enxofre etc. Cada vez que a fusão se processa com um elemento mais pesado, a liberação de energia é menor. Isso acontece porque os núcleos se tornam cada vez mais pesados e parte da energia liberada acaba sendo usada para manter o núcleo coeso. Ainda assim, são todas reações exotérmicas. Essa sequência acontece muito rapidamente. Simulações numéricas mostram que uma estrela massiva passa por volta de mil anos transformando o carbono em magnésio, neônio e sódio. Leva alguns anos fundindo oxigênio em neônio, silício e enxofre, e apenas poucos dias fundindo silício em ferro. Quando a estrela só tem o ferro disponível para extrair energia fazendo a fusão dele, ela decreta seu final derradeiro.

Ao chegar nesse estágio, a estrela é uma verdadeira cebola cuja casca mais externa ainda funde o hidrogênio. Abaixo dela, funde o hélio e, ainda mais abaixo, funde carbono. Esse processo continua até chegar ao núcleo, que é composto majoritariamente de ferro. O núcleo mais uma vez se contrai e começa a fundir ferro em elementos mais pesados, mas…

Quando dois núcleos de ferro se fundem, a reação é endotérmica, ou seja, *consome* energia. A situação fica desesperadora: fundir ferro consome energia e o núcleo colapsa violentamente em alguns segundos, sob o peso de sua própria atração gravitacional. Fundir o ferro para recomeçar a fusão acelera o processo de colapso, pois retira energia do núcleo. As camadas superiores, contendo aproximadamente 90% da massa, colapsam sobre esse núcleo e, após o comprimirem até o limite das leis físicas, são empurradas para fora com velocidades de milhares de quilômetros por segundo. Os elétrons são massacrados nos núcleos, produzindo nêutrons ao se juntarem aos prótons. O núcleo, com massa quase igual à massa do Sol, compactado em uma bola com 10 km de raio, torna-se uma estrela de nêutrons. As cascas das camadas superiores são ejetadas de forma violentíssima, produzindo um dos eventos mais energéticos da astronomia: uma supernova. Numa explosão de supernova, a energia liberada equivale à energia total liberada pela Via Láctea inteira, com seus 200 bilhões de estrelas.

As estrelas de nêutrons foram previstas teoricamente em 1934 em um trabalho publicado por Walter Baade e Fritz Zwicky, que descobrira a matéria escura. Todavia, por não emitirem luz, só foram observadas em 1967, em sinais de rádio, pela doutoranda Susan Jocelyn Bell, em um experimento proposto por Antony Hewish, seu orientador. Bell encontrou fontes de rádio pulsando com periodicidade muito precisa, tal qual faróis. Bell e seus colegas batizaram essas fontes de LGM, sigla de homenzinhos verdes em inglês, brincando com o fato de que as fontes poderiam ser radiofaróis deixados por alguma civilização alienígena para guiar as naves em viagens pela galáxia. A ideia inicial era que as fontes de rádio seriam estrelas pulsantes, mas em 1968 Thomas Gold publicou um trabalho mostrando que, se fosse o caso, as pulsações decairiam muito rápido. Ele propôs tratar-se de estrelas de nêutrons, com campo magnético muito intenso, girando rapidamente. Se a Terra estiver na direção do polo magnético da estrela de nêutrons, o feixe de rádio gerado no campo magnético nos atinge a cada giro. As estrelas de nêutrons detectadas assim receberam o nome de pulsares.

A descoberta dos pulsares, como confirmação da existência das estrelas de nêutrons, rendeu a Hewish metade do prêmio Nobel de física de 1974. A outra metade foi dada a Martin Ryle, seu orientador e criador da técnica de observação desenvolvida por Hewish e Bell. O comitê que indica os premiados em física é famoso por não premiar mulheres, mas dessa vez foi tão escandaloso que Fred Hoyle, aquele mesmo que desaprovava o Big Bang, chiou bastante. A despeito dessa implicância com o Big Bang, Hoyle tinha trabalhos que mereceriam um prêmio Nobel, que nunca lhe foi concedido, pois ele era considerado um encrenqueiro.

Figura 20: *Esquerda: Jocelyn Bell Burnell, descobridora dos pulsares enquanto trabalhava em sua tese de doutorado. Direita: Nebulosa do Caranguejo, uma nebulosa formada depois da explosão de supernova no ano 1054 (EC) e observada por antigos astrônomos chineses e japoneses. Em seu centro, uma estrela de nêutrons gira trinta vezes por segundo, dando origem a um pulsar.*

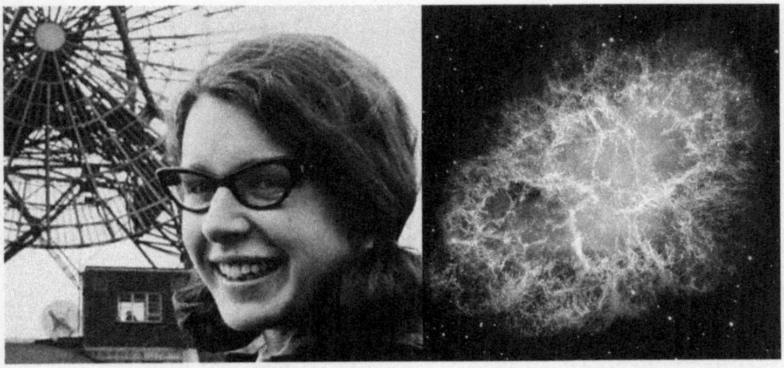

Fonte: https://spacecenter.org/wp-content/uploads/2021/06/DmaLcyoUUAAaYPr-1536x796.jpg (Jocelyn Bell Burnell); https://en.wikipedia.org/wiki/Crab_Nebula#/media/File:Crab_Nebula.jpg (Nebulosa do Caranguejo). Acesso em: 12 dez. 2023.

Nesse caso, todavia, ele estava coberto de razão. Mais tarde, Bell disse que não se sentia injustiçada, pois o comitê só premiava estudantes em casos muito excepcionais, um critério em que ela não se enquadrava.

As estrelas massivas com até 25 massas solares, mais ou menos, devem terminar suas vidas como uma estrela de nêutrons, eventualmente um pulsar, mas e aquelas mais massivas do que isso? Como elas evoluem? Estrelas desse tipo devem percorrer as mesmas etapas descritas anteriormente, porém de forma bem mais rápida. Quando o núcleo sofre a contração final, ela só vai parar numa estrela de nêutrons se sua massa for menor que aproximadamente 1,4 massas solares. De acordo com um trabalho publicado por Julius Robert Oppenheimer e George Michael Volkoff em 1938, se o núcleo tiver mais do que 1,4 massas solares, nenhuma força física consegue impedir seu colapso. E onde isso vai parar? Em um buraco negro.

Em 1915, Einstein publicou a Teoria da Relatividade Geral com suas complicadíssimas equações de campo, propondo que a gravidade poderia ser descrita como uma distorção do tecido do espaço-tempo. É aquela famosa analogia de pegar um lençol bem esticado pelas pontas e colocar uma bola pesada. O lençol deve se deformar, afundando no lugar onde ela foi colocada. Segundo a relatividade geral, massas no universo fariam algo semelhante. No artigo de 1915, Einstein apresentou uma solução aproximada para as equações da gravidade, dada a complexidade de se trabalhar com elas, e nem mesmo acreditava que pudesse haver alguma solução exata. Perto do Natal do mesmo ano, e para sua "agradável surpresa" (palavras dele mesmo), ele recebeu uma carta de um jovem oficial do Exército alemão chamado Karl Schwarzschild que propunha uma solução exata para as equações de campo da relatividade. "Eu não esperava que alguém conseguisse formular uma solução exata para o problema, de uma forma tão simples. Gostei muito do tratamento matemático dado ao assunto", foi como Einstein começou sua resposta, prometendo mostrar os resultados na reunião da Academia de Ciências no decorrer da semana. Mas qual foi a solução, tão elegante quanto improvável, que deixou Einstein impressionado?

Trabalhando de uma cama no hospital de campanha da frente de batalha russa, Schwarzschild quis obter as equações que descrevem a distorção do espaço-tempo ao redor de um corpo com massa arbitrária, sem carga elétrica e sem rotação. É o mais simples dos casos possíveis de serem tratados na relatividade geral e mesmo assim a resposta só foi obtida com uma mudança no tratamento em que nem Einstein tinha conseguido pensar. A solução de Schwarzschild mostra que existe um limite para o quanto a massa de um objeto pode ser compactada sem que se produza uma singularidade no tecido do espaço-tempo. Como uma singularidade poderia aparecer? Quando se divide a massa de um corpo por um volume muito pequeno, tão pequeno que seria *quase* uma divisão por zero. Se o volume de uma estrela, da Terra ou de qualquer coisa que tenha massa, for compactado além do limite calculado por Schwarzschild, a distorção do espaço será tal que até a luz será desviada de sua trajetória, indo até o ponto onde o corpo estava. Com uma distorção tão grande, a luz que chega a essa posição não pode ser refletida de volta porque não consegue fazer o caminho de volta, tamanha a deformação do espaço. O objeto compactado além do limite, hoje chamado de raio de Schwarzschild ou horizonte de eventos, é o famoso buraco negro. No caso do núcleo colapsando, sendo comprimido por forças gigantescas, se ele tiver até 1,4 massas solares, a física das partículas elementares mostra que as forças atômicas são capazes de impedir um colapso além do raio de Schwarzschild. Todavia, se o núcleo tiver mais de 1,4 massas solares, nem mesmo as forças nas entranhas do átomo serão capazes de suportar o colapso e uma singularidade será criada, ou seja, a estrela massiva se tornará um buraco negro logo após explodir como uma supernova de tipo II.

Karl Schwarzschild faleceu em 1916, cinco meses após enviar sua carta a Einstein, em decorrência de uma rara doença de pele autoimune cujos sintomas já o afligiam

Figura 21: *Representação artística de Cygnus X-1, o primeiro buraco negro descoberto. O buraco negro, com 9 massas solares, captura matéria de uma estrela massiva que, ao espiralar em direção ao horizonte de eventos, emite raios X.*

Fonte: https://sci.esa.int/web/integral/-/32709-artist-s-impression-of-cygnus--x-1. Acesso em: 12 dez. 2023.

havia dois anos. Mesmo doente e numa frente de batalha, Schwarzschild conseguiu escrever três artigos muito importantes em física, dois em relatividade geral e um em mecânica quântica.

4.4. *Venturis Venti*

Vimos que as etapas do ciclo de vida das estrelas, desde sua formação, passando por sua evolução e os cenários que marcam o fim de suas vidas, dependem de um fator importante: sua massa. Assim, estrelas com pouca massa terminam suas vidas como anãs brancas, e estrelas massivas, como supernovas do tipo II, produzindo uma estrela de nêutrons ou um buraco negro. Mas existem outros fatores que influenciam a trajetória evolutiva das estrelas, como metalicidade, rotação, binariedade e ventos. Sim, ventos.

Estrelas com baixa metalicidade, ou seja, com pequenas quantidades de elementos químicos mais pesados que o hélio, tendem a ser mais quentes e mais azuladas. Estrelas pobres em metais também são mais massivas que suas contrapartidas com metalicidade mais alta. Podemos comparar as estrelas das galáxias satélites da nossa Via Láctea, as Nuvens de Magalhães. A metalicidade de ambas é significativamente mais baixa do que a metalicidade da nossa galáxia. Uma estrela das Nuvens de Magalhães, de determinado tipo espectral, será mais quente, terá luz mais azulada e será mais massiva do que uma estrela de mesmo tipo que esteja na Via Láctea. Modelos de formação e evolução de estrelas mostram que a estrela mais massiva que se pode formar na nossa galáxia deve estar por volta de 150 massas solares, ao passo que nas Nuvens pode chegar a 250 ou mesmo 300 massas solares!

Rotação estelar é outro fator muito importante. Como as estrelas são grandes bolas de gás muito quente no centro e mais "frio" na superfície, ele circula em movimentos convectivos do centro para a superfície e da superfície para as regiões centrais novamente. A rotação influencia essa circulação, alterando o enriquecimento químico e fazendo com que as estrelas fiquem mais luminosas e vivam um pouco mais.

Ventos estelares também são um fator a se considerar durante a evolução das estrelas, em especial para as massivas. Vento estelar é o termo usado para designar a perda de matéria pela estrela enquanto produz energia. Trata-se de um fluxo contínuo constituído principalmente por partículas elementares como prótons e elétrons, núcleos de hélio e íons de elementos mais pesados como carbono, nitrogênio e oxigênio, entre outros. A taxa de perda de massa por ventos, bem como sua velocidade, é menor em estrelas com pouca massa. Para o Sol, por exemplo, espera-se que perca apenas cinco centésimos de sua massa durante seu período de vida. Para estrelas massivas, por outro lado, a taxa de perda de massa é tão expressiva que são os ventos que determinam as etapas finais de evolução.

Figura 22: *Estrela WR 124 em imagem obtida pelo telescópio espacial James Webb revelando sua perda de massa através dos seus intensos ventos. WR 124 é uma estrela do tipo Wolf-Rayet, estrelas massivas em estágio final de vida, fortes candidatas a explodir em supernovas.*

Fonte: https://esawebb.org/images/weic2307d/. Acesso em: 12 dez. 2023.

Quanto mais massiva, mais luminosa é uma estrela e mais massa ela perde através de ventos. A taxa de perda pode variar desde um milionésimo a um décimo milésimo de massa solar por ano! Os termos milionésimo e milésimo fazem parecer que é muito pouco, mas quando você multiplica pelo tempo de vida das estrelas, por exemplo, 1 milhão de anos, a primeira estrela perde 1 massa solar e a segunda pode perder 100! Uma estrela de 12 massas solares, com ventos intensos durante 5 milhões de anos, pode deixar a sequência principal como uma estrela de massa intermediária e, em vez de terminar como estrela de nêutrons após explodir em supernova, acaba como uma anã branca.

4.5. Poeira de estrelas

As estrelas massivas, em suas curtas vidas, são as responsáveis pelo enriquecimento químico do universo. Vimos que logo após o Big Bang o universo era composto basicamente de hidrogênio e hélio, e não houve a criação de elementos químicos mais pesados que o lítio ou o berílio. Vimos também que o núcleo das estrelas de pouca massa não consegue atingir condições de temperatura e pressão favoráveis à produção de átomos mais pesados que o carbono, exceto pelas estrelas com massa já próxima ao limite de 10 massas solares, que até conseguem produzir oxigênio. Mas fica nisso.

As estrelas massivas tornam-se supergigantes ao sair da sequência principal e conseguem produzir elementos químicos mais pesados em seus núcleos. Ainda assim, vimos que o limite das fornalhas estelares é determinado pelas interações das partículas dos núcleos atômicos, e a produção de átomos mais pesados se encerra ao atingir a produção do ferro. Então, como se explica uma tabela periódica com mais de noventa elementos químicos naturais? A resposta é supernova!

Quando uma estrela massiva explode em supernova, ou mesmo quando uma anã branca captura massa suficiente para detonar uma explosão de supernova do tipo Ia, a quantidade de energia liberada promove a formação desenfreada de elementos pesados. Dessa maneira, o restante da tabela periódica é preenchido. Outro ponto igualmente importante é que a violência dessas explosões espalha o gás enriquecido pelo meio interestelar, que fatalmente vai se misturar com outras nuvens moleculares. Perturbadas pela onda de choque da supernova, elas vão se fragmentar e colapsar, formando uma nova geração de estrelas e, como veremos, novos sistemas planetários.

5
Planetas e Mais Planetas

Existem incontáveis sóis e incontáveis terras, todas girando em torno de seus sóis exatamente da mesma maneira que os sete planetas do nosso sistema.

— Giordano Bruno

Em 17 de fevereiro de 1600, Giordano Bruno, frade dominicano convertido ao calvinismo, pagava com a própria vida a ousadia de desafiar dogmas da Igreja católica. Entre eles, Bruno defendia publicamente que o Sol era mais uma entre tantas estrelas e que, ao redor delas, poderia haver planetas como o nosso. Mais ainda, defendia que poderia haver vida em outros lugares do universo — que não era centrado na Terra. Em sua defesa, durante o julgamento, afirmou que não abandonara os ensinamentos da Igreja, todavia não renunciou aos seus pensamentos filosóficos, em especial suas crenças em um universo infinito, bem como na infinitude de mundos como o nosso. Condenado a morrer queimado, Bruno teria dito aos seus acusadores: "Acredito que vocês estejam pronunciando essa sentença contra mim com mais medo do que eu estou enquanto a recebo".

Giordano Bruno morreu queimado numa fogueira em praça pública em Roma e seus escritos foram proscritos e incluídos na lista de livros proibidos pela Igreja. Bruno pagou com a própria vida a defesa de suas ideias, o que o tornou um mártir da liberdade de pensamento e do debate científico. Suas ideias sobre o universo logo começaram a se provar verdadeiras, começando com o modelo heliocêntrico, que ganhou comprovação científica dez anos depois, com as observações de Galileu Galilei. Quatrocentos e dezenove anos depois, a confirmação de suas previsões da existência de outros mundos renderia um prêmio Nobel a dois astrônomos europeus.

5.1. O Sistema Solar

Durante mais de quatrocentos anos de astronomia moderna, a humanidade só conheceu um sistema planetário: o nosso. Outros sistemas deveriam existir, já que trabalhamos com a hipótese de que não ocupamos um lugar privilegiado no universo e seria apenas o caso de ainda não possuirmos os equipamentos adequados para detectá-los, o famoso viés observacional.

O Sistema Solar se formou a partir das sobras da formação do Sol. O gás da nuvem molecular chegou até o núcleo da condensação passando pelo estágio intermediário de disco protoestelar. Enquanto abastecia a protoestrela que viria a ser o Sol, esse disco se caracterizava como um disco de acreção, distribuído na sua zona equatorial. Encerrado o processo de transferência de matéria, o disco, agora passivo, torna-se um disco protoplanetário que contém o material que irá formar o sistema de planetas.

Figura 23: *Disco protoplanetário ao redor da protoestrela HL Tauri obtida pelo rádio observatório ALMA. As trilhas evidentes no disco sugerem a presença de planetesimais.*

Fonte: https://en.wikipedia.org/wiki/Protoplanetary_disk#/media/File:HL_Tau_protoplanetary_disk.jpg. Acesso em: 12 dez. 2023.

O gás do disco protoplanetário, além de enriquecido quimicamente após sucessivas explosões de supernova no passado, possui minúsculas partículas de poeira formadas principalmente de carbono e silício, e recobertas com gelo. Não pense apenas no gelo comum, feito de água, mas também no gelo de gás carbônico (o famoso gelo-seco), gelo de amônia, de nitrogênio e várias outras substâncias voláteis congeladas no frio do espaço. Ao longo de centenas de milhões de anos, mesmo enquanto o Sol agregava matéria, os grãos de poeira foram se aglutinando através de sucessivas colisões no disco, crescendo em tamanho e massa. Esses pedacinhos são chamados de *planetesimais*, infinitésimos de planetas que ao longo dos milênios foram se juntando e ficando cada vez maiores, dando origem aos planetas. Todavia, uma olhada rápida pelo panorama do Sistema Solar deixa bem claro que houve uma diferenciação no processo de crescimento dos planetas.

É fácil perceber que mais perto do Sol estão os planetas pequenos e rochosos: Mercúrio, Vênus, Terra e Marte. Existe uma região onde se poderia esperar um planeta, mas que é ocupada por asteroides, e, finalmente, uma sequência de planetas gigantes e gasosos: Júpiter, Saturno, Urano e Netuno. Isso não é uma simples coincidência. Júpiter está a uma distância do Sol que delimita uma fronteira chamada de *linha da neve*. Nas regiões interiores a essa linha, portanto mais próximo do Sol, a radiação solar é intensa o suficiente para promover a evaporação do material volátil que recobria as partículas de poeira. Esse processo de "desidratação" dos grãos de poeira os tornou mais rígidos ao impacto — ou seja, sem a capa de gelo, a poeira vai se agregando de forma muito mais lenta. Os planetesimais cresceram muito mais devagar, em um processo de baixa eficiência que resultou em planetas "secos" e pequenos. Para além da linha da neve, a radiação não é tão intensa a ponto de fazer os grãos perderem tanto gelo assim. As colisões entre os planetesimais ficam muito mais eficientes, pois é mais fácil grudar gelo com gelo do que rocha com rocha. O efeito é fazer com que os planetesimais cresçam mais rápido, resultando em planetas gigantes e com grande quantidade de substâncias voláteis. Com o crescimento dos planetas, a pressão interna sobe, aumentando a temperatura do gelo, que por fim evapora. Estão formados os gigantes gasosos do Sistema Solar. Os planetesimais viajavam pelo jovem Sistema Solar e fatalmente caíam nos planetas. Essa época de intensas colisões é conhecida como época do Grande Bombardeio, que está até hoje registrada na superfície da Lua. A presença de Júpiter e sua imensa gravidade não permitiram que o material presente no que hoje chamamos de Cinturão de Asteroides tivesse oportunidade de se agregar a ponto de formar um planeta. A presença de um planeta anão, Ceres, que parece ter seguido as etapas de crescimento, mas que não conseguiu agregar muita matéria, e do asteroide Vesta, que se parece com um planeta "interrompido", em que seu processo de crescimento parou, dá suporte a essa hipótese.

5.2. Velejando pelo Sistema Solar

Muito bem, temos aí um bom modelo para a formação do Sistema Solar, que poderia ser extrapolado para qualquer sistema planetário assim que fossem descobertos. Porém, em 1992, tudo isso começou a mudar com a descoberta de planetas orbitando um pulsar. Logo em seguida, em 1995, um planeta da categoria de Júpiter foi descoberto orbitando

51 Peg, uma estrela da sequência principal a 50,6 anos-luz de distância, na direção da constelação do Pégaso. A descoberta desse planeta por Michel Mayor e Didier Queloz,[13] ambos da Universidade de Genebra, na Suíça, deixou a comunidade astronômica tão feliz quanto perplexa.

Em 2014, 51 Peg b recebeu da União Astronômica Internacional o nome *Dimidium*, latim para metade, já que tem um pouco menos da metade da massa de Júpiter. Dimidium, todavia, está tão perto de sua estrela que completa uma órbita em pouco mais de quatro dias! Uma situação como essa nunca havia sido pensada nem nos delírios mais

Figura 234: *Representação artística de Dimidium, o primeiro exoplaneta, descoberto em 1995. Apesar de Dimidium ter menos da metade da massa de Júpiter, ele tem raio 50% maior.*

Fonte: https://www.eso.org/public/images/eso1517a/. Acesso em: 12 dez. 2023.

[13] Por causa dessa descoberta, Mayor e Queloz dividiram o prêmio Nobel de física de 2019 com o cosmólogo Jim Peebles por seus trabalhos em cosmologia.

insanos dos astrônomos de formação planetária, a ponto de alguns deles se recusarem a chamá-los de planetas. Para esses céticos, esse tipo de astro seria um pedaço da estrela que teria sido ejetada e a estaria orbitando como um planeta.

A descoberta de 51 Peg b disparou uma corrida desenfreada por novos casos, forçando a melhora dos instrumentos. Isso tudo culminou com o lançamento do satélite Kepler da NASA, no fim de 2009, que operou até meados de 2013 e que tem em sua conta nada menos que 2398 exoplanetas confirmados. Com uma base de dados tão farta, o que se viu é que há uma fauna diversa entre os exoplanetas. Além de gigantes gasosos muito próximos de suas estrelas, por isso chamados de Júpiteres quentes, o Kepler encontrou também superterras e mininetunos. A primeira, uma categoria de planetas rochosos com massas até dez vezes a massa da Terra, enquanto a segunda categoria abriga planetas maiores que superterras, mas menores que Netuno. A subsequente geração de novos telescópios espaciais, bem como de espectrógrafos de alta resolução na superfície da Terra, só confirmou esse cenário.

E agora? O Sistema Solar não tem casos de superterras, ou mesmo um Júpiter mais próximo do Sol do que Mercúrio. Como encaixar todos esses novos personagens (e outros até) naquele cenário simplificado do Sistema Solar? "Simples": voltando às mesas de trabalho.

A partir de 2005, duas hipóteses ganharam corpo na tentativa de explicar a existência de tanta diversidade em sistemas planetários e por que nosso Sistema Solar acabou ficando na atual configuração. A ideia central de ambas as hipóteses se fundamenta em movimentos migratórios dos planetas gasosos já depois de formados. No modelo do

Grand Tack,[14] Júpiter teria se formado na linha da neve a aproximadamente 3,5 unidades astronômicas[15] (ua) do Sol e migrou até alcançar a distância de 1,5 ua, mais ou menos a distância atual de Marte ao Sol. Saturno também seguiu para as partes internas do Sistema Solar, mas, por ter menos massa, fez o movimento mais rápido. A interação gravitacional de ambos e os torques trocados com o gás do disco protoplanetário colocaram os dois gigantes em marcha na direção das partes externas do sistema, que teve fim quando ambos chegaram às posições que ocupam hoje. Se Júpiter não tivesse revertido sua migração ao chegar a apenas 1,5 ua do Sol, poderia ter continuado e se tornado um Júpiter quente.

A migração de Júpiter e Saturno consegue explicar algumas outras características que são difíceis de acomodar naquele modelo simplificado inicial. Por exemplo, durante o trajeto, os dois planetas arrastaram e espalharam os planetesimais presentes no disco protoplanetário. Vários foram ejetados para formar o disco de Kuiper, um cinturão de objetos ricos em gelo que se distribui entre 35 e 55 ua. Para se ter uma ideia, Plutão, cuja maior distância até o Sol é de 49 ua, seria um dos membros desse cinturão, assim como todos os outros planetas anões, à exceção de Ceres. Da parte mais espalhada do cinturão é que saíram os cometas de curto período, que mergulharam em direção ao interior do Sistema Solar. Outros foram arremessados ainda mais longe, formando uma nuvem envolvendo o sistema desde

[14] Em alusão a uma manobra feita comumente por velejadores para navegar na direção contrária à direção do vento.

[15] Unidade astronômica é a unidade de distância mais utilizada nas escalas de sistemas planetários, como o Sistema Solar. Uma unidade astronômica é a medida da distância média entre o Sol e a Terra e equivale a 150 milhões de quilômetros.

1000 ua até 100 mil ua. Essa estrutura distante, que mais parece um grande enxame de pedras de gelo, é chamada de Nuvem de Oort. Os planetesimais não foram arremessados apenas para fora do Sistema Solar, mas também na direção das partes mais internas, promovendo um segundo episódio de bombardeio nos planetas rochosos, chamado de Grande Bombardeio Tardio.

As migrações de Júpiter e Saturno também teriam sido responsáveis por limpar a região onde Marte se formava. Com isso, o planeta foi impedido de ter uma massa final que poderia corresponder a pelo menos metade da massa terrestre, em vez dos atuais 11%. A inexistência de superterras no Sistema Solar também pode ser explicada pelas consequências do passeio dos gigantes. No caso, a imensa quantidade de planetesimais arremessados nas regiões internas faria com que as colisões com eventuais superterras acabassem por arrastá-las em direção ao Sol.

Figura 25: *Júpiter e Saturno, à esquerda e à direita, respectivamente, responsáveis por dar a configuração atual do Sistema Solar, de acordo com a hipótese do Grand Tack.*

Fonte: https://esahubble.org/images/heic1410a/ (Júpiter); https://esahubble.org/images/heic1814b/ (Saturno). Acesso em: 12 dez. 2023.

As hipóteses de migração, em especial o Grand Tack, são relativamente novas e vêm sendo aprimoradas a partir de simulações que descrevem a evolução do Sistema Solar. As hipóteses de migração conseguem dar uma explicação plausível, ainda que intrincada, para questões difíceis de se responder segundo o modelo geral do início do capítulo. As hipóteses vão se refinando e se tornando mais robustas à medida que novas evidências surgem de regiões remotas do Sistema Solar, como o Cinturão de Kuiper e seus objetos espalhados. Nesse sentido, o projeto de varredura do céu austral que será executado pelo Observatório Vera Rubin, no Chile, deve promover um salto na compreensão da história do Sistema Solar ao conseguir registrar objetos do cinturão cada vez mais distantes.

6
Vida no Universo

Se não existe vida fora da Terra,
então o universo é um grande
desperdício de espaço.

— Carl Sagan

Discutir a possibilidade de haver vida fora da Terra é um exercício tão interessante quanto desanimador, pois ninguém sabe a resposta. Na verdade, uma discussão como essa deve dizer mais sobre os interlocutores do que sobre o assunto propriamente dito. Os mais otimistas vão elencar argumentos científicos bem convincentes, os mais céticos irão contra-argumentar com igual propriedade, e os mais, digamos, *empolgados* irão afirmar com muita assertividade que as extraterrestres já vivem entre nós...

A despeito disso, essa discussão começa por reconhecer que sabemos apenas de vida em nosso planeta e é com base nela que podemos teorizar e descrever lugares mais promissores para encontrá-la, mesmo que sejam apenas evidências fossilizadas em rochas.

6.1. A astrobiologia

Quando mencionamos procurar por vida fora da Terra, há de se levar em consideração que estamos nos referindo a *qualquer* tipo de vida: animal ou vegetal, de organismos microscópicos simples a civilizações avançadas tecnologicamente. Além disso, procurar por vida *in situ*, isto é, visitando o local para recolher amostras para análise, seja por astronautas, seja por sondas robóticas, somente é possível no Sistema Solar. Para outros sistemas planetários só podemos lançar mão das mesmas ferramentas que nos permitem identificar e obter as características físicas de estrelas e galáxias em qualquer lugar do universo: capturar e analisar a luz proveniente desses sistemas. Mas ainda assim, onde procurar? O que procurar? Como decidir se aquilo é cocô de algum microrganismo fossilizado em um meteorito marciano ou apenas estruturas geológicas de Marte incrustadas em um pedaço de rocha encontrado na Antártica?

Os astrônomos vivem uma situação peculiar: precisam desenhar experimentos científicos capazes de identificar vida que se desenvolveu em ambientes fora da Terra, mas esses organismos extraterrestres podem ser identificados facilmente? Como se certificar de ter identificado alguma evidência de vida e não algo completamente abiótico, como um mineral desconhecido?

Perguntas como essa fizeram uma parte da comunidade de astrônomos se dedicar a encontrar uma maneira de não

Figura 26: *Imagem microscópica de amostra do meteorito marciano ALH 84001 encontrado na Antártica em 1984. Em 1996, foi anunciado que o meteorito continha bactérias marcianas fossilizadas, como visto na imagem de microscopia eletrônica à direita.*

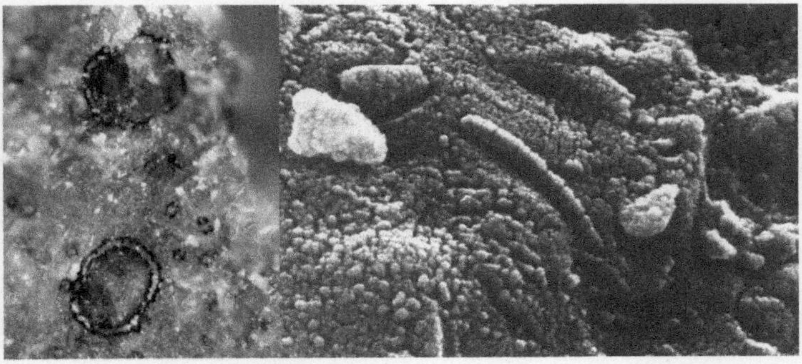

Fonte: https://astrobiology.nasa.gov/uploads/filer_public_thumbnails/filer_public/e7/a7/e7a737a8-0a0e-40c7-a9d8-622625628e10/alh84001tif 746x600_q85.jpg__1240x510_q85_subsampling-2.jpg (Esquerda); https://en.wikipedia.org/wiki/Allan_Hills_84001#/media/File:ALH84001_structures.jpg (Direita). Acesso em: 12 dez. 2023.

cometer enganos dessa natureza. Assim nasceu a mais nova filha da astronomia, a astrobiologia. Ela une disciplinas tão diferentes quanto interessantes, como astronomia e biologia (claro!), mas também química, física, geologia, meteorologia e até mesmo oceanografia. Além de tentar descrever como identificar formas de vida fora da Terra, os astrobiólogos também se dedicam a investigar ambientes propícios para o surgimento e desenvolvimento de vida. Com isso é possível descrevê-los a ponto se tornarem alvos concretos de projetos por procura de vida e o ponto de partida é usar o que melhor conhecemos: a vida na Terra.

6.2. A química da vida

Apesar da grande diversidade de seres vivos encontrados na Terra, do ponto de vista químico e biológico todos somos muito parecidos. A química da vida terrestre é baseada em carbono, muito provavelmente pela facilidade de se ligar a outros elementos, formando até quatro ligações eletrônicas. Mais ainda, podemos resumir a química da vida a apenas seis elementos químicos: carbono, hidrogênio, oxigênio, nitrogênio, fósforo e enxofre, formando o acrônimo CHONPS. Esse conjunto de elementos químicos é o suficiente para formar as moléculas bióticas, como os ácidos nucleicos, os lipídios e as enzimas de que todos os seres vivos necessitam para surgir, se desenvolver e se reproduzir. Claro que estou me limitando a formas de vidas simples, como microrganismos. Seres mais evoluídos, que desenvolvam esqueletos, por exemplo, exigem uma gama maior de elementos químicos para formar estruturas mais complexas, mas, ainda assim, dos mais de noventa elementos químicos naturais da tabela periódica, os seres vivos necessitam por volta de uma ou duas dezenas deles.

Outro ingrediente importante na sustentação da vida é a necessidade de haver um meio líquido que possa fazer o transporte de substâncias para dentro das células para produção de energia, mas também transportar os subprodutos tóxicos do metabolismo para fora delas. Organismos terrestres usam a água para isso. A molécula da água tem propriedades físico-químicas que a permitem atravessar as paredes celulares sem danificá-las, ou contrário dos álcoois e ácidos.

Poderia haver formas de vida com uma química diferente da nossa que poderíamos encontrar em outros ambientes? Sim, claro que sim, mas, já que estamos partindo em uma busca difícil de fazer e, ainda por cima, difícil de analisar, que tal começarmos com aquilo que conhecemos bem? Além disso, a astrobiologia nos dá bons argumentos para pensar que a vida parece preferir emergir do carbono e que a água deve ser o meio aquoso mais comum para mediar as trocas metabólicas.

O silício, por exemplo, poderia fazer o papel do carbono, quando pensamos na capacidade de se combinar com outros elementos químicos, pois também consegue fazer até quatro ligações. Todavia são ligações mais frágeis que as do carbono; como consequência, o silício não consegue manter moléculas grandes ou complexas, como os aminoácidos. Na Terra, há mais ou menos mil átomos de silício para cada átomo de carbono e ainda assim a vida se baseia no segundo. Quanto ao meio líquido, hidrocarbonetos como metano e etano poderiam fazer esse papel, quando estão liquefeitos. Isso acontece para temperaturas da ordem de - 180 °C, como em Titã, a maior lua de Saturno. No entanto, em temperaturas tão extremas, o metabolismo de seres vivos seria baixo demais e, nessas condições, não se poderia esperar nada mais evoluído do que seres unicelulares, por exemplo. Mas olha só que interessante: se analisarmos a abundância de elementos químicos no universo, temos o pódio formado por hidrogênio, hélio e oxigênio do mais ao menos abundante. Como o hélio não se combina com ninguém (salvo raríssimas exceções), os dois elementos *reativos* mais comuns no universo são hidrogênio e oxigênio. Como efeito, a água deve ser a substância química mais abundante do universo.

6.3. Se procurar direitinho...

Todos esses fatores nos permitem imaginar como começar a projetar uma missão com o intuito de procurar por vida. Considerando, claro, locais que podemos visitar ou para onde enviar alguma sonda. Podemos começar parafraseando os economistas: Sigam a água!

Se água é uma substância importante para o surgimento e manutenção de vida, nada mais natural do que procurar por locais onde ela exista em seu estado líquido. Considerando corpos celestes como planetas, luas ou mesmo asteroides em órbita de estrelas, precisamos procurar aqueles que estejam a uma distância em que a radiação recebida de sua estrela permita manter a água entre 0 e 100 °C. Essa é a famosa zona de habitabilidade estelar, que depende intrinsecamente da temperatura da estrela. Em estrelas mais quentes, a zona fica mais afastada, em estrelas mais frias, a região fica mais próxima. No caso do nosso Sol, ela se estende mais ou menos da órbita de Vênus até a órbita de Marte, com a Terra no meio. Isso por si só não garante que haja água em estado líquido, apenas trata da quantidade de calor recebida da estrela. Um aspecto tão ou mais importante que isso é a presença de atmosfera.

Atmosferas planetárias atuam de duas maneiras para facilitar a existência de água. Em primeiro lugar, retêm o calor irradiado pela estrela através do efeito estufa. Os gases do efeito estufa, como gás carbônico, gás metano e vapor d'água, têm grande capacidade de absorver calor e por isso são tratados como vilões causadores do aquecimento global na Terra. Os gases em si não são o problema, mas o *excesso* deles sim. Em segundo lugar, a presença de uma atmosfera que não seja tênue impede o gelo de evaporar para o espaço.

Isso acontece corriqueiramente em cometas que ultrapassam a linha da neve, mais ou menos a órbita de Júpiter, quando se aproximam do Sol.

Dos planetas do Sistema Solar que estão na zona de habitabilidade, Vênus não deve possuir água por causa da sua alta temperatura. No seu caso, o efeito estufa é exagerado ao extremo. No caso de Marte, o efeito estufa não é tão eficiente, pois a atmosfera marciana é muito tênue e com baixíssima pressão: o gelo evapora imediatamente ao ser exposto ao Sol. Ao menos na superfície, não existe água líquida em Marte.

Figura 27: *Esquerda: Geada flagrada pela sonda Mars Phoenix Lander ao amanhecer. A sonda pousou em Marte em maio de 2008 e sua missão tinha como objetivo principal investigar a possibilidade de haver água nas regiões polares do planeta. Direita: Frasco com amostras do solo marciano recolhidas pelo jipe Perseverance da NASA. Os frascos deixados pelo jipe serão recuperados e enviados à Terra em missões futuras.*

Fonte: https://photojournal.jpl.nasa.gov/jpeg/PIA11724.jpg (Esquerda); https://photojournal.jpl.nasa.gov/jpeg/PIA25663.jpg (Direita). Acesso em: 12 dez. 2023.

Então devemos perder as esperanças de encontrar vida no Sistema Solar? Calma, não tão rápido.

A zona de habitabilidade trata apenas da quantidade de radiação e calor recebida por um corpo celeste que seja suficiente para manter a temperatura entre 0 e 100 °C, mas essa não é a única maneira de manter a água na forma líquida. Forças de maré e energia geotérmica são dois mecanismos bem plausíveis para fazê-lo. Hoje sabemos que existe água em oceanos abaixo da superfície em locais como Europa e Gaminedes, luas de Júpiter, Encélado, lua de Saturno, nos planetas anões Ceres e até mesmo em Plutão. Mesmo em Marte existe água, no subsolo, sob a forma de um tipo de terreno chamado de *permafrost*, semelhante ao encontrado nas tundras siberianas, mas deve ter havido muito mais no passado. A superfície marciana é entrecortada por formações geológicas típicas de ambientes onde havia água e ela foi aos poucos desaparecendo. Isso indica que o planeta era muito diferente do que se mostra atualmente: mais quente e com atmosfera mais densa, condições muito propícias para o surgimento de vida.

Não é à toa que as agências espaciais do mundo inteiro investem bilhões de dólares em equipamentos para estudar Marte, seja em órbita, seja na superfície ou até abaixo dela. São muitas as perguntas a serem respondidas: O que aconteceu com a água em Marte? Por que o clima mudou tanto? Se Marte e a Terra eram tão parecidos em termos climáticos no passado e a vida conseguiu surgir aqui, não é de esperar que tenha surgido lá também? Ou não? O jipe Perseverance da NASA iniciou suas pesquisas ao pousar em Marte em fevereiro de 2021 e parte delas é recolher amostras de solo em locais onde parece ter havido água em abundância no passado. A ideia é preparar uma missão para daqui a alguns anos visitar os locais onde as amostras foram abandonadas e recolhê-las para enviá-las à Terra para análise. Um projeto tão ambicioso quanto caro, que vai exigir a colaboração de várias agências espaciais e centros de pesquisa do mundo todo.

Outros dois locais de bastante interesse no Sistema Solar são Europa e Encélado. No primeiro caso, evidências robustas sugerem que existe um oceano blindado por uma camada de gelo que pode chegar a 10-12 km de espessura. A água deve ser mantida líquida por fontes geotermais com a forte contribuição das forças de maré de Júpiter. Essa grossa capa de gelo isola o oceano do mundo externo, protegendo o possível ecossistema da radiação externa. Todavia, a blindagem gelada nos impedirá de acessar o oceano durante um bom tempo, pois não há a menor condição de se perfurar uma camada de gelo tão grossa assim. A grande esperança é que as mesmas forças gravitacionais de Júpiter rachem o gelo e formem gêiseres, permitindo que a água escape para o espaço. Em seguida, ela congelaria e se depositaria sobre a camada externa sob a forma de neve, trazendo informações da química e, quem sabe, da biologia do oceano.

Em 2005, a sonda Cassini descobriu que havia plumas sendo expelidas através de ranhuras gigantescas na superfície de Encélado, no sistema de Saturno. Em 2008 a sonda foi direcionada a atravessar essas plumas em três ocasiões, podendo analisar a composição química dos flocos de gelo. Sua análise revelou que as plumas contêm gelo proveniente de um oceano salgado, muito provavelmente localizado a 80 km de profundidade. Inclusive, o gelo expelido pelas ranhuras entra em órbita de Saturno, "abastecendo" seu sistema de anéis. Também nesse caso, amostras do oceano subterrâneo só poderão ser obtidas através do gelo expelido.

Figura 28: *Esquerda: Gêiseres ativos em Encélado, lua de Saturno, em registro feito pela sonda Cassini em 2005. Direita: Imagem de duas plumas recorrentes de água em Europa, lua de Júpiter. A imagem das plumas foi obtida pelo telescópio espacial Hubble e posteriormente superposta a uma imagem de Europa obtida no final dos anos 1990 pela sonda Galileo.*

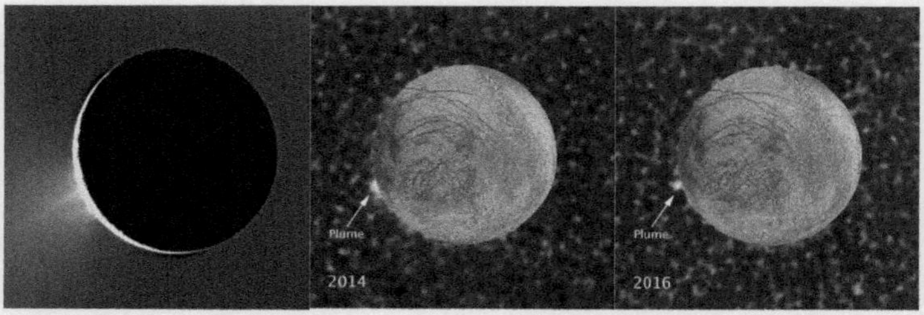

Fonte: https://www.jpl.nasa.gov/images/pia07758-fountains-of-enceladus (esquerda); https://www.jpl.nasa.gov/images/pia21443-hubble-sees-recurring--plume-erupting-from-europa (direita). Acesso em: 12 dez. 2023.

Já é quase um consenso que mundos mais distantes sejam ricos em água, formando oceanos subterrâneos. Isso amplificaria em muito as chances de haver vida em nosso Sistema Solar. Em locais tão distantes assim do Sol, o calor para manter água líquida e o metabolismo dos seres vivos deve vir de uma fonte local, como decaimento radioativo, fontes geotermais ou forças de marés. É de esperar que as formas de vida em ambientes assim não sejam muito mais evoluídas que microrganismos ou colônias deles.

6.4. Assine aqui, por favor

E fora do Sistema Solar? Aí a coisa muda de figura. Se obter uma amostra a 12 km de profundidade é impossível, imagine em um exoplaneta com alguns anos-luz de distância? Só na base das evidências indiretas.

Do nosso exemplo local, a nossa Terra, sabemos que quando a vida surgiu impactou o meio ambiente primordial, transformando-o. Melhor ainda, sabemos *como* o meio ambiente foi impactado. Por exemplo, não havia quantidades apreciáveis de oxigênio na atmosfera da Terra primordial. Logo após o planeta se esfriar, sua atmosfera era composta basicamente de hidrogênio e alguns hidretos como vapor d'água, amônia e metano. Mais adiante, graças aos gases vulcânicos e aos gases oriundos do intenso bombardeio de asteroides sofrido pela Terra, a atmosfera ganhou muito gás carbônico e nitrogênio. Oxigênio só foi surgir há mais ou menos 2,7 bilhões de anos, quando bactérias anaeróbicas começaram a produzi-lo por fotossíntese, deixando sua assinatura na atmosfera. Então uma boa pista por existência de vida é encontrar oxigênio em atmosferas de exoplanetas.

O oxigênio e o ozônio (O_3) têm vida curta numa atmosfera planetária, pois são muito reativos. O oxigênio rapidamente ataca outros elementos presentes nas rochas, por exemplo, formando óxidos. Veja o exemplo de Marte, em cuja atmosfera existia oxigênio, muito provavelmente da quebra da molécula de água por raios UV. Hoje o oxigênio está presente no solo marciano principalmente agregado ao ferro. Essa é a origem da cor avermelhada do planeta, óxido de ferro, a popular ferrugem. Se um planeta consegue manter gases de vida curta, como oxigênio, ozônio, metano ou fosfina em sua atmosfera por períodos relativamente longos, significa que existe uma fonte ativa e contínua para repor o que for destruído ou tiver reagido. Processos abióticos, como o vulcanismo, por exemplo, podem produzir esses mesmos gases, mas uma análise mais cuidadosa da composição química da atmosfera, comparando as abundâncias relativas de cada gás, pode nos indicar se a origem é mesmo abiótica ou se poderia vir de processos biológicos. Por esse motivo, esses gases são chamados de *biomarcadores* e são a nossa melhor pista para identificar vida em outros planetas.

Outros tipos de gases que podem indicar vida extraterrestre formam um grupo chamado de *tecnomarcadores.* Vamos voltar um pouco na história terrestre e analisar os efeitos da Revolução Industrial, mais especificamente seu impacto ambiental. Com o desenvolvimento de indústrias e a intensa queima de carvão e derivados de petróleo, um novo conjunto de gases foi introduzido na atmosfera em forma de poluição. Gases como dióxido de nitrogênio (NO_2) e monóxido de carbono (CO) são produzidos de forma natural, mas também são subprodutos da queima incompleta de combustíveis fósseis. Uma análise da abundância relativa entre eles pode identificar uma possível origem artificial e seria a assinatura de vida inteligente. Outro gás considerado é o famigerado clorofluorcarbono (CFC), destruidor da camada de ozônio aqui na Terra. Esse é um tipo de gás exclusivamente produzido por meios industriais e uma eventual detecção seria uma assinatura indelével de vida inteligente em um planeta, isso considerando que esses seres também tenham decidido usá-lo. Tecnomarcadores são uma possibilidade real, mas, claro, muito menos provável que os biomarcadores, pois para serem detectados é preciso que a vida tenha surgido, evoluído para seres inteligentes e esses tenham atingido sua própria Era Industrial. Uma longa e difícil jornada.

6.5. Mas como faz?

O procedimento experimental para se obter dados que revelem essas assinaturas já existe há algum tempo e é relativamente simples: chama-se espectroscopia de transmissão. Toma-se o espectro da estrela quando o exoplaneta não está na sua frente e novamente quando o planeta está. Subtraindo-se um espectro do outro, surge o espectro da luz da estrela que atravessou a atmosfera do planeta e foi alterado pela presença dos gases que fazem parte dela. Simples assim, mas como eu li na porta de um laboratório uma vez: "Na prática, a teoria é outra".

As dificuldades técnicas impediram, até agora, resultados muito robustos. Espectros são produzidos pelo espalhamento da luz ao longo de suas "cores", o que os deixa com intensidade muito baixa ou, como dizemos, com sinal baixo. Depois da subtração, o sinal se degrada ainda mais e o ruído aumenta, deixando as assinaturas procuradas pouco perceptíveis. Ainda assim, espectros de transmissão obtidos em observatórios terrestres ou em telescópios espaciais como o Spitzer e o Hubble já foram capazes de detectar, ou eliminar, a presença de gases como hidrogênio, hélio e vapor d'água, por exemplo. Isso ainda está muito longe de ser os biomarcadores mencionados antes, mas já nos dá pistas sobre a composição da atmosfera dos planetas estudados, inclusive sobre a presença (ou não) de nuvens.

Esse cenário está a ponto de mudar com o telescópio espacial James Webb. Um dos seus objetivos é realizar esse tipo de estudo em sistemas promissores para abrigar a vida. Além de estar fora da atmosfera terrestre e longe da Terra, o James Webb observa no infravermelho, faixa espectral mais promissora para fazer espectroscopia de transmissão em exoplanetas. Isso porque no infravermelho a contribuição da luz da estrela é bem menor quando comparada à contribuição da luz que atravessa a atmosfera. O sinal do espectro subtraído deve ser bem melhor, dando condições de identificar as assinaturas procuradas.

7
Ilhas no Oceano Cósmico

Humanos têm a incrível capacidade
de acreditar no que escolhem
e excluir o que lhes é doloroso.

— Sr. Spock, oficial de ciências da nave *Enterprise*

Vivemos em um universo particular chamado Via Láctea, que é uma estrutura chamada de galáxia. A Via Láctea é apenas uma entre 200 bilhões de outras galáxias que se estima existirem no universo. Nosso Sistema Solar está situado em um lugar na periferia da Via Láctea, de modo que temos uma visão privilegiada de parte dela. Podemos vê-la em noites escuras de inverno, em uma faixa branca leitosa (daí seu nome) cruzando o céu, passando pela cauda da constelação do Escorpião e sobre a constelação do Sagitário, onde localizamos seu núcleo.

Assim como estrelas, as galáxias são muito sociáveis, agrupam-se em aglomerados e formam superaglomerados. Organizam-se formando uma intrincada teia cósmica com longos filamentos entrecortados e vazios. As simulações numéricas que testam as condições iniciais do universo têm como objetivo reproduzir esse aspecto do universo em larga escala, usando apenas as leis da física. Os resultados, de diferentes grupos de pesquisa, mostram que estamos no caminho certo.

7.1. A Via Láctea

Nossa galáxia é uma do tipo espiral, de tamanho modesto até, com pouco mais de 90 mil anos-luz de diâmetro, sem nenhuma particularidade especial. Ainda assim é a mais importante de todas as 200 bilhões de galáxias do universo observável, pois é a única que abriga vida inteligente, até onde sabemos. Estima-se que existem por volta de 200 bilhões de estrelas na Via Láctea e sabemos que ainda há outras em formação.

A Via Láctea deve ter se formado a partir das sobredensidades de matéria criadas logo após o Big Bang. Metade de sua massa deve ter vindo do canibalismo de outras galáxias, processo que ocorre até hoje, e a outra metade, do colapso de uma nuvem de gás com rotação. Esse processo deu origem a uma estrutura central em forma esferoidal, mas também a um disco de gás onde se desenvolveram braços espirais. Para completar a estrutura da nossa galáxia, temos uma barra contendo estrelas e gás cruzando a região central e um anel de gás molecular que a circunda, além de um halo de estrelas, gás e principalmente matéria escura que engloba toda a galáxia. Tudo isso demonstra uma intrincada relação de interações gravitacionais que dá origem a colisões entre nuvens de gás que, por sua vez, dão origem a regiões de formação de estrelas.

A região central da Via Láctea forma um esferoide de estrelas velhas e frias, chamado de bojo, que possui um buraco negro supermassivo no seu centro. Em comparação com outros buracos negros centrais, o Sgr A* nem é tão supermassivo e nem tão ativo assim, pois tem 4 milhões de massas solares e apenas vez ou outra devora uma nuvem de gás, dando o ar da graça em flashes de raios X ou rádio. O bojo galáctico não deve produzir novas estrelas e é uma região hostil à criação e/ou desenvolvimento de vida, pois é permeada por radiação de alta energia, como raios gama e raios X, além de ter eventos ocasionais de supernova, a maioria deles obscurecida pelas densas nuvens de poeira.

Figura 29: *Esquerda: Panorama da Via Láctea obtido pelo satélite Gaia a partir da medida de posição de 1,7 bilhão de estrelas. Direita: Imagem do buraco negro supermassivo Sgr A* no centro da Via Láctea.*

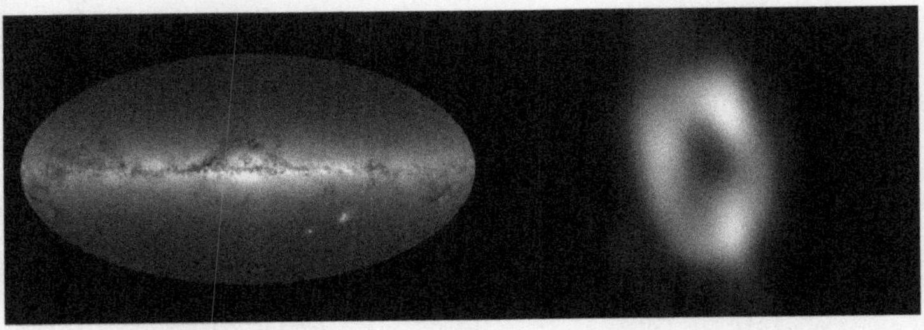

Fonte: https://www.eso.org/public/images/eso1908e/ (esquerda); https://www.eso.org/public/news/eso2208-eht-mw/ (direita). Acesso em: 12 dez. 2023.

Os braços espirais, que definem a categoria da nossa Via Láctea são compostos de gás e poeira que dão origem às regiões propícias para formar estrelas. Estrelas jovens e quentes dão um aspecto azulado aos braços, com eventuais pontos róseos, o que nos faz classificar as galáxias espirais genericamente em azuis. Aliás, usamos as regiões de formação de estrelas para mapear os braços de nossa galáxia.

Figura 30: *Painel de galáxias espirais das mais diversas subcategorias montado a partir de imagens do telescópio espacial Hubble.*

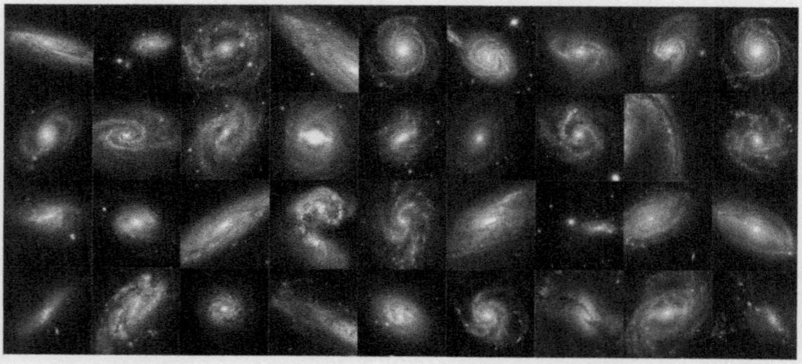

Fonte: https://hubblesite.org/contents/media/images/2022/005/01G2QPYPZ2G727EYMR73J7T4GV. Acesso em: 12 dez. 2023.

Mapear a Via Láctea é uma tarefa bem difícil. Imagine que você queira fazer o mapa da cidade em que mora, mas não pode sair de casa, nem tem como ver a cidade por cima, usando drones, balões ou imagens de satélite. Você só pode se basear naquilo que vê pela janela. Complicado, né? Felizmente, no caso da nossa galáxia, a tarefa é um pouco menos difícil.

Ao contrário de só poder olhar pela janela, podemos olhar para cima e, a partir de outras galáxias que observamos, deduzir algumas coisas. Dos dois grandes tipos de galáxias, espirais ou elípticas, apenas as primeiras formam estrelas. Então a Via Láctea deve ser espiral, pois sabemos que existe formação de estrelas. Das galáxias espirais, vemos que a formação de estrelas está concentrada em seus braços. A partir disso, podemos descobrir onde estão os braços da nossa galáxia. As regiões que formam estrelas possuem muito gás, a imensa parte hidrogênio. O hidrogênio neutro emite uma radiação característica que pode ser detectada na Terra em ondas de rádio, então podemos mapear onde existe hidrogênio, o que pode nos indicar onde há um braço espiral. Outra maneira é usar regiões onde se formam estrelas massivas, pois elas são quentes o suficiente para ionizar o hidrogênio, que produz os eventuais pontos róseos, mas também produz emissão de rádio em frequência diferente da emissão do hidrogênio neutro. O grupo de pesquisa de que faço parte usa o brilho de estrelas massivas no infravermelho para calcular a distância até as regiões de formação de estrelas e, com isso, determinar a posição do braço em que se encontra. Diferentemente dos métodos baseados em rádio, esse não depende de modelos teóricos de rotação da galáxia.

Os resultados até agora não trazem uma definição precisa de quantos braços a Via Láctea tem. Desde as primeiras tentativas de se obter o mapa da galáxia, as evidências apontam, de forma discreta, para a presença de quatro braços, e as representações mais comuns da Via Láctea mostram uma galáxia assim. Todavia, estatisticamente falando, um modelo com dois ou até mesmo três braços poderia igualmente ser ajustado aos dados que temos até o momento.

Figura 31: *Representação artística da Via Láctea baseada em dados obtidos de regiões de formação de estrelas, tanto em rádio quanto no infravermelho. Os dados favorecem a existência de quatro braços espirais.*

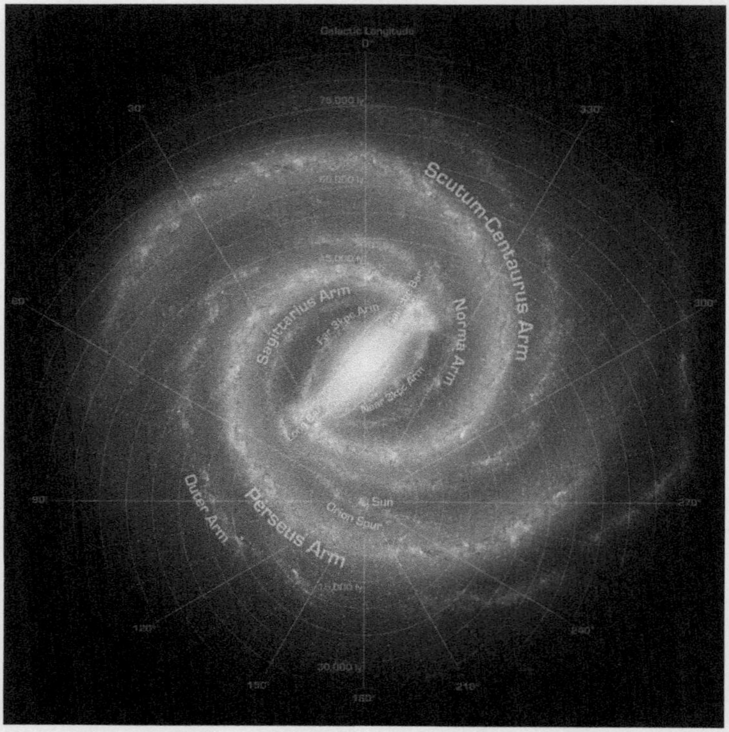

Fonte: https://solarsystem.nasa.gov/resources/285/the-milky-way-galaxy/. Acesso em: 12 dez. 2023.

7.2. O Grupo Local

Galáxias são seres sociáveis e vivem em bandos, e isso não é diferente para a Via Láctea. Vivemos em um agrupamento de aproximadamente cem galáxias em uma região do universo com mais ou menos 10 milhões de anos-luz de diâmetro. O Grupo Local, como é conhecido, é dominado pela Via Láctea e a galáxia de Andrômeda, uma outra galáxia espiral situada a uma distância de 2,5 milhões de anos-luz. Andrômeda tem quase o dobro do diâmetro da Via Láctea, 152 mil anos-luz, mas aproximadamente a mesma massa. Ambas as galáxias são rodeadas por galáxias satélites. No caso da Via Láctea, duas se destacam pela proximidade: a Grande e a Pequena Nuvem de Magalhães, batizadas em homenagem a Fernão de Magalhães, navegador português que as descreveu nos diários de sua viagem de circum-navegação do globo.

Andrômeda e a Via Láctea estão em rota de colisão, o que deve acontecer daqui a mais ou menos 5 bilhões de anos, de acordo com as simulações. Colisões e fusões de galáxias são eventos comuns no universo e, ao contrário do que muita gente imagina, não são um evento catastrófico. Uma galáxia literalmente atravessa a outra várias vezes, uma deformando a outra pela ação das forças de gravidade. Apesar de parecer o contrário, as galáxias são imensos vazios, e a distância média entre as estrelas é muito grande para esperar muitas colisões entre elas. Observando fusões de outras galáxias no universo, vemos que a interação gravitacional de uma sobre a outra, além de deformar ambas, acaba disparando a formação de novas estrelas, muitas vezes de maneira bem intensa. Ao final da fusão entre a Via Láctea e Andrômeda, deve-se formar uma galáxia de um tipo diferente das espirais: uma galáxia elíptica.

As galáxias elípticas possuem pouco gás e por isso não se espera que formem novas estrelas. Sua população estelar é majoritariamente composta de estrelas velhas, frias e amareladas, lembrando bastante o bojo das galáxias

Figura 32: *Esquerda: Galáxia de Andrômeda e seus satélites M110 (abaixo, à esquerda) e M32 (logo acima do núcleo). Direita: Aspecto do céu noturno visto da Terra daqui a 3,75 bilhões de anos, quando Andrômeda e a Via Láctea estarão iniciando o processo de colisão.*

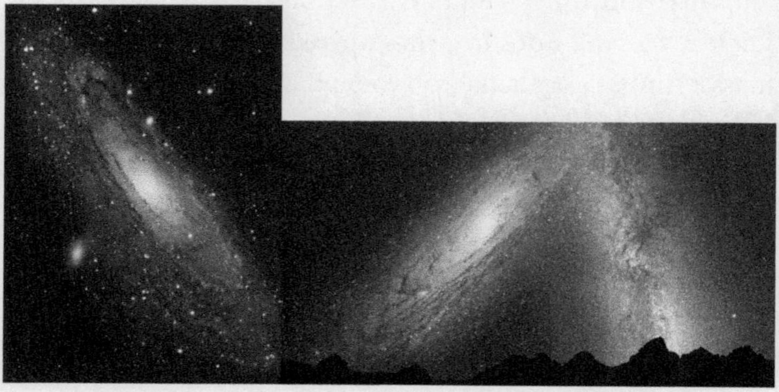

Fonte: https://esahubble.org/images/heic0512d/ (esquerda); https://hubblesite.org/files/live/sites/hubble/files/home/science/galaxies/_images/STScI-H-galaxies-1220e-2400x1200.jpg?t=tn2400 (direita). Acesso em: 12 dez. 2023.

espirais. Dentro dessas duas categorias, várias subcategorias são possíveis, como as esferoidais, as espirais barradas ou sem barra e as irregulares, que não mostram nenhum padrão de morfologia. A fusão em uma galáxia elíptica parece ser o destino de galáxias em aglomerados quando, depois de muitos bilhões de anos, todos os seus componentes devem se fundir numa só galáxia elíptica gigante. Um exemplo dramático disso é M 87, uma galáxia elíptica supergigante, distante 53 milhões de anos-luz, parte do superaglomerado de Virgo.

Figura 33: *Esquerda: Galáxia elíptica M87 e seu jato de plasma no aglomerado de Virgo. Direita: M87*, o buraco negro supermassivo no núcleo de M87.*

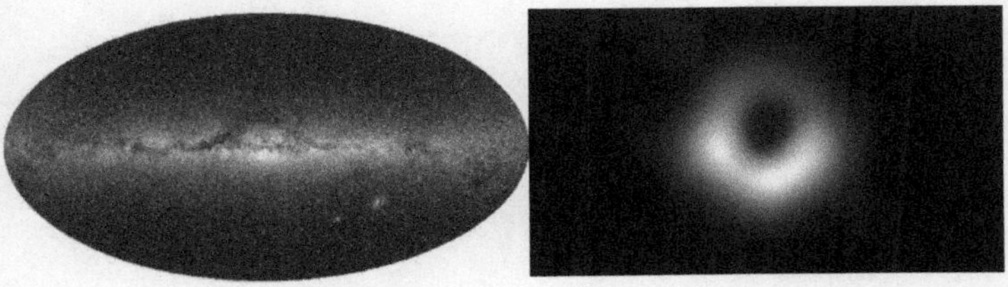

Fonte: https://www.esa.int/Science_Exploration/Space_Science/Gaia/Gaia_creates_richest_star_map_of_our_Galaxy_and_beyond (esquerda); https://www.eso.org/public/images/eso1907a/ (direita). Acesso em: 12 dez. 2023.

7.3. A teia cósmica

O Grupo Local também faz parte do superaglomerado de Virgo, que por sua vez faz parte do superaglomerado de Laniakea. Juntam-se a eles os superaglomerados de Shapley, de Hercules e de Coma para formar o Complexo de Superaglomerados de Peixes-Baleia. Todos acabam formando um filamento de galáxias na intrincada rede de filamentos que dá origem à teia cósmica em larga escala.

Os filamentos galácticos são estruturas que se formam sob a ação da matéria escura, desenhando uma teia cósmica que contém muralhas compostas de aglomerados e superaglomerados de galáxias. Esses componentes podem se estender por mais de 10 bilhões de anos-luz. Os filamentos também delimitam regiões com baixa concentração de galáxias chamadas de vazios (ou *voids*, em inglês), que dão uma aparência esponjosa à estrutura do universo em larga escala.

Figura 34: *Mapa do Vazio do Boieiro.*

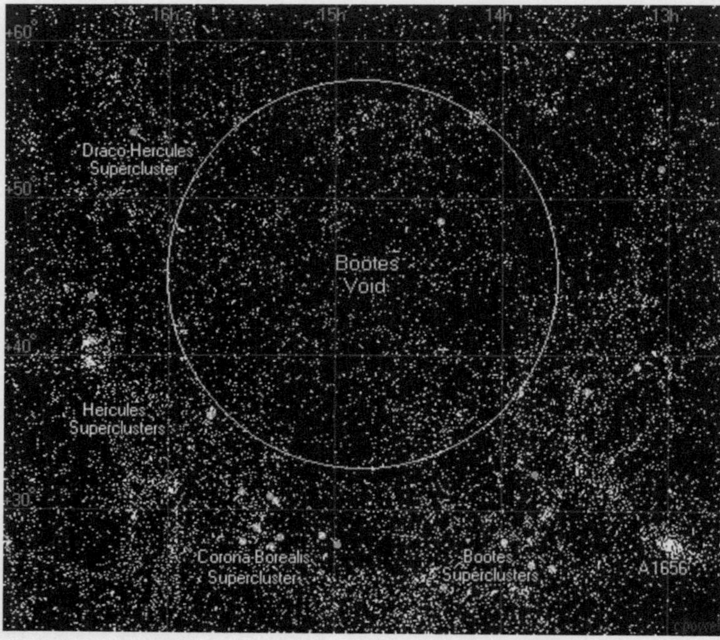

Fonte: https://upload.wikimedia.org/wikipedia/commons/f/f0/Boovoid.png. Acesso em: 12 dez. 2023.

Um vazio de destaque é o Vazio do Boieiro, que pode ser achado na direção da constelação de mesmo nome. Trata-se de uma estrutura aproximadamente esférica, com mais ou menos 330 milhões anos-luz de diâmetro, descoberto em 1981. O Vazio do Boieiro é o mais vazio que se conhece no universo. Seu tamanho gigantesco só pode ser explicado a partir da fusão de outros vazios menores, o que não conflita em nada com a teoria. Contudo, chama a atenção que dentro dele encontramos apenas sessenta galáxias quando se esperaria umas 2 mil. Esse vazio é tão vazio que, de acordo com o astrônomo Greg Aldering, da Universidade da Califórnia, se a Via Láctea estivesse em seu centro, só teríamos descoberto que existem outras galáxias no universo em meados da década de 1960. Por essa época, a invenção das câmeras digitais fez com que os maiores telescópios em operação ganhassem em capacidade de enxergar mais longe, já que são muito mais eficientes que as placas fotográficas usadas até então. Às vezes, imaginando se fosse mesmo o caso, me pergunto qual seria o impacto que essa descoberta teria causado na humanidade.

Olhando a estrutura esponjosa formada pelos filamentos e os vazios, temos a impressão de que o universo não é tão homogêneo como promete o princípio cosmológico, mas isso é uma questão de perspectiva. De quanto mais distante observamos o universo, melhor conseguimos ver seu aspecto global, que vai perdendo essa aparência esponjosa para, enfim, se parecer de fato homogêneo como esperado.

8
O Destino do Universo

"Você poderia me dizer, por favor, que caminho devo seguir a partir daqui?", perguntou Alice.
"Isso depende muito de onde você quer chegar", disse o Gato.
"Não me importa muito onde...", disse Alice.
"Então não importa para onde você vai", disse o Gato.
"Contanto que eu chegue a algum lugar", Alice acrescentou como uma explicação.
"Oh, você certamente fará isso", disse o Gato, "se você apenas caminhar o suficiente."

— *Alice no País das Maravilhas,* Lewis Carroll

Descrever como será o fim do universo não é uma tarefa fácil. Claro, se você for um cosmólogo do tipo mais pragmático, que vai projetar o futuro baseando-se nas evidências atuais, vai terminar com um só cenário. Mesmo assim, estará em um terreno lamacento, pois esse cenário mais "viável" só se concretizará em escalas de tempo de vários bilhões de anos no futuro. Como apostar em algo assim, se a proposta foi feita considerando-se o que sabemos a partir de *apenas* 14 bilhões de anos de vida do universo?

Quando Einstein propôs a Relatividade Geral, deu aos cosmólogos uma maneira de descrever a evolução do universo, inclusive chegando aos extremos de sua existência, descrevendo como poderia ser seu final. Logo depois da apresentação da teoria, Alexander Friedmann e Georges Lemaître trabalharam na tarefa de como determinar o fim do universo. Em meados da década de 1920, ambos chegaram à conclusão de que o fator crítico teria de ser a quantidade de matéria que o universo possui. Esse parâmetro é conhecido como *parâmetro de densidade*, ou Ω nas equações da relatividade, e, a depender do seu valor, o universo poderia ter três destinos diferentes. Isso até meados da década de 1990, quando, com a descoberta da energia escura, todos os prognósticos mudaram. Como diria o poeta Paul Valéry, "o futuro não é mais como costumava ser".[16]

8.1. O parâmetro de densidade

Quando Lemaître e Friedmann trabalharam nas equações de Einstein para a relatividade, ficou claro que o fator determinante para toda a evolução do universo seria a massa contida nele, indicada no parâmetro de densidade como um fator em relação a uma densidade crítica. Comparando-se a densidade de matéria do universo com a densidade crítica, haveria três cenários.

---

[16] Usualmente essa frase é atribuída ao jogador de beisebol Yogi Berra, que a teria mencionado em 1974, mas a citação de Valéry e dos escritores Laura Riding e Robert Graves é de 1937.

Se o parâmetro de densidade for menor do que a densidade crítica, o universo irá se expandir para sempre, sem diminuir sua taxa de expansão de forma apreciável. O universo em larga escala seria aberto, com uma curvatura negativa se assemelhando a uma sela de montaria. Em um universo assim, a geometria seria bem peculiar: a soma dos ângulos internos de um triângulo teria menos do que 180° e não existiriam retas paralelas, pois elas sempre se afastariam uma da outra.

Um universo em expansão eterna fatalmente sofreria uma morte térmica, chamada de grande congelamento (*Big Freeze*). Não é caso em que a temperatura do universo chegaria ao zero absoluto, mas sim que as escalas de distância se tornariam tão grandes que impediriam o colapso das nuvens moleculares, interrompendo a formação de novas estrelas. Sem renovação, as galáxias iriam se apagando aos poucos e o universo acabaria totalmente escuro e permeado por uma finíssima nuvem de gás.

Por outro lado, se o parâmetro de densidade for maior que a densidade crítica, o universo vai desacelerar e com o tempo vai reverter sua expansão. A geometria seria fechada, como a superfície de uma esfera, linhas muito compridas, mais longe ou mais perto, acabariam sempre se cruzando e os ângulos internos dos triângulos somariam sempre mais do que 180°.

Com o início da contração do universo veríamos as galáxias distantes *se aproximando* umas das outras, em movimento oposto ao que vemos hoje. Com o tempo, ele encolheria de volta ao seu momento inicial, em uma região extremamente pequena e densa. Esse momento é chamado de *Big Crunch*, uma espécie de Big Bang invertido. E aí vem a pergunta: Se o universo encolhe até chegar às mesmas condições que deram origem ao Big Bang, não poderia haver então um novo Big Bang? Sim, poderia. Essa é a hipótese do universo cíclico, em que ele seria eterno, sempre existiu e nunca terá fim, apenas passa por recomeços de tempos em tempos. Esse cenário recebe o nome de *Big Bounce* (grande ricochete).

E se o parâmetro de densidade for exatamente igual à densidade crítica? Nesse caso, a quantidade de matéria do universo seria suficiente para desacelerar o universo, diminuindo gradativamente sua velocidade de expansão, aproximando-se *assintoticamente* do zero. Traduzindo: levaria um tempo infinito para o universo parar de fato.

Essa situação daria ao universo uma geometria plana euclidiana. Como consequência, triângulos têm seus ângulos internos somando 180° e retas paralelas permanecem assim por todo o universo. Parece familiar? De acordo com as melhores estimativas do parâmetro de densidade disponíveis na atualidade, obtidas de diversos experimentos, vivemos em um universo plano.[17]

Figura 35: *Possíveis geometrias para o universo de acordo com a medida do parâmetro de densidade.*

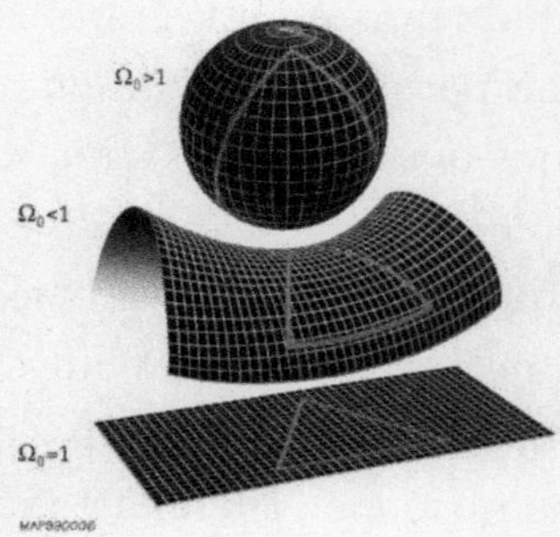

Fonte: https://pt.wikipedia.org/wiki/Universo#/media/Ficheiro:End_of_universe.jpg. Acesso em: 12 dez. 2023.

[17] O **universo** é plano, a Terra não!

8.2. A energia escura entra em cena

Até meados da década de 1990, a cosmologia trabalhava com os três cenários anteriores, basicamente fundamentados na densidade do universo. A questão nessa época era projetar experimentos que pudessem juntar dados cada vez mais precisos que, por sua vez, permitissem obter os parâmetros necessários para descrever o universo. Nessa época mesmo, tínhamos uma boa indicação de que o universo fosse plano, mas, em uma reviravolta digna de novela com baixa audiência, veio a energia escura.

A energia escura entra como um elemento na estrutura do universo que o faz acelerar, estão lembrados? Com a velocidade de expansão aumentando cada vez mais, chegará um momento da vida do universo em que a energia escura vai superar a ação da gravidade, fazendo com que as grandes estruturas do universo comecem a se despedaçar. Algum tempo depois, será a vez das próprias galáxias, e, conforme o tempo passar, estruturas menores vão sofrer com o mesmo efeito: sistemas planetários serão desestabilizados, estrelas e planetas vão se fragmentar também em pedaços cada vez menores. Com o tempo, nem as forças que mantêm a integridade das moléculas conseguirão segurar os átomos em sua estrutura. Mais tempo e os átomos vão se desfazer em partículas atômicas, depois em partículas subatômicas, como os quarks, literalmente fazendo toda a matéria do universo se desintegrar. Até mesmo o próprio tecido do espaço tempo se rasgaria sob o efeito da energia escura! Esse cenário catastrófico foi batizado de Big Rip.

Atualmente, a hipótese de Big Rip (grande rasgão) parece ser a mais provável, e, de acordo com algumas estimativas usando-se parâmetros cosmológicos atuais, teria início

Figura 36: *Os três futuros do universo segundo as condições dadas pelo parâmetro de densidade, atualizados com a descoberta e a ação da energia escura.*

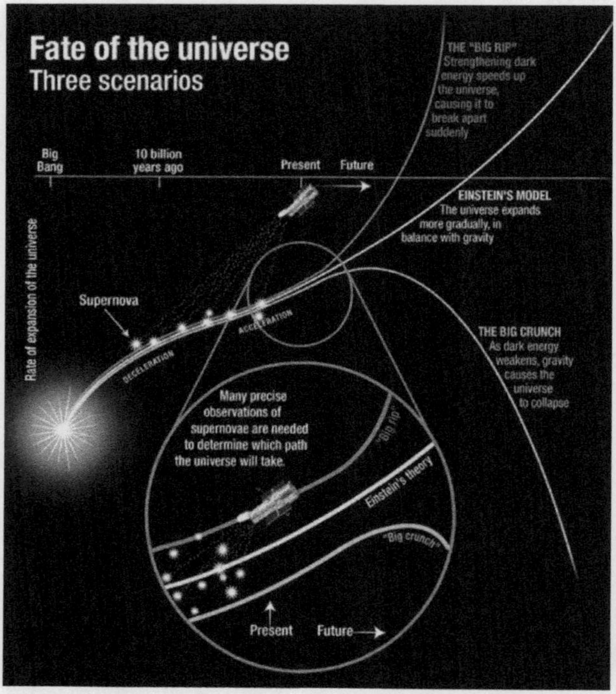

Fonte: https://hubblesite.org/contents/media/images/2004/12/1503-Image.html. Acesso em: 12 dez. 2023.

daqui a uns 25 bilhões de anos. Desde o momento em que as primeiras galáxias fossem separadas de seus aglomerados, bastariam apenas 220 milhões de anos para o universo inteiro se desintegrar, mas a física de partículas tem uma pergunta: E se os prótons, essencialmente criados logo após o Big Bang, não durarem para sempre? Partículas atômicas e subatômicas têm todas as suas expectativas de vida determinadas pelas regras da mecânica quântica. Um nêutron, por exemplo, dura uns doze minutos quando isolados. Se isso acontecer também com os prótons, quando expirar seu tempo de vida o universo se desintegrará num piscar de olhos. Para não deixar ninguém sem dormir conferindo de forma paranoica se o universo ainda existe, as melhores estimativas colocam o tempo de vida de um próton na casa dos 10^{34} anos.

O cenário do Big Rip, por mais que pareça inevitável, precisa de algumas ressalvas. Lembra que no início do capítulo eu mencionei as escalas de tempo envolvidas? Pois então, para que de fato o universo se desintegre sob a ação da energia escura ainda levaria uns 25 bilhões de anos. Isso é muito tempo e não estou sendo irônico, pois representa quase o dobro da idade atual do universo, que não chega a 14 bilhões de anos. Ninguém sabe nada sobre a natureza ou origem da energia escura. No jargão da física, não temos sua equação de estado, de modo que ninguém garante que em algum momento desse período de 25 bilhões de anos ela desaparecerá, ou simplesmente que perderá a intensidade e deixará de ser relevante.

9
Epílogo

Eu fico aflito, mas também sereno
ao saber que ainda existem maravilhas no universo,
que ainda não explicamos tudo.

— Embaixador G'Kar em *Babylon 5*

Estamos testemunhando um daqueles momentos na ciência em que paradigmas são reescritos diante de novas evidências. Na verdade, acredito que estamos prestes a vivenciar esse momento revolucionário, depois de alguns anos acumulando quantidades absurdas de novos dados, que deram início à era do *big data* na astronomia. Os dados do satélite *Gaia*, que observou mais de 1 bilhão de estrelas na Via Láctea, e os inúmeros projetos de varredura do céu feitos por observatórios na superfície pressionaram a capacidade de processamento dos computadores ao limite. Mais ainda, colocaram à prova a capacidade da comunidade de astronomia em interpretar os resultados. Na última década, vimos um movimento para otimizar o acesso aos dados de observatórios do mundo inteiro, formando uma rede de observatórios virtuais, dando a oportunidade de acesso a qualquer interessado. Os observatórios virtuais também trouxeram a oportunidade de compor um estudo mais completo de um objeto, permitindo juntar informações em diversas faixas do espectro, colocando lado a lado dados, desde raios X até ondas de rádio, abrindo a era da astronomia multimensageira. Isso sem falar da detecção das ondas gravitacionais em 2015. Passamos da época de tentar descrever uma classe inteira de objetos nos baseando em observações de algumas centenas de casos individuais para ingressar na era da análise de milhões de representantes de uma determinada categoria.

Vamos entrar também na era dos telescópios gigantes. Três grandes projetos devem começar suas operações nos próximos anos, prometendo aprofundar ainda mais os limites observacionais do universo, acessando o momento em que as primeiras estrelas do universo ainda brilhavam. São eles o Giant Magellan Telescope (GMT), com um telescópio que combina sete espelhos de 8,4 metros de diâmetro para compor um espelho equivalente de 24 metros, o Extremely Large Telescope (ELT), que vai operar um telescópio com um espelho único de 39,3 metros de diâmetro, e, no meio dos dois, o Thirty Meter Telescope (TMT), que deve operar um telescópio de 30 metros. Antes disso, porém, teremos a inauguração do Observatório Vera Rubin, que terá um telescópio de 8,3 metros de diâmetro e deve varrer o céu austral por completo a cada quatro noites. Também não podemos esquecer do Nancy Roman Telescope, um telescópio espacial com um espelho igual ao do Hubble, mas que vai operar no infravermelho, junto telescópio espacial James Webb e o telescópio espacial de raios X Chandra. A combinação desses projetos nos permitirá ter estudos muito aprofundados de problemas específicos, ao mesmo tempo que nos propiciará grandes panoramas do universo. É importante lembrarmos também da conquista do Sistema Solar. Muito em breve discutiremos a viabilidade da ocupação permanente da Lua e de Marte. Analisaremos dados de sondas que investigarão a possibilidade de haver vida em Europa e Encélado.[18] Estaremos muito próximos de finalmente sabermos se temos companhia no universo. Será uma época bem interessante para se viver e só dependerá de nós mesmos para vivenciá-la.

Olhar para o céu numa noite escura é se reconectar ao cosmos. Pode parecer algo um tanto esotérico, mas é a mais pura verdade. Carl Sagan foi muito preciso ao dizer que somos poeira de estrelas, ou, melhor colocando, somos feitos de restos de estrelas. Cada átomo de nosso corpo e de tudo que está ao nosso redor passou pelo interior de uma estrela e foi devolvido ao espaço quando essa estrela morreu. Cada próton desses átomos foi produzido pouco depois do Big Bang; somos partes sencientes desse universo. Não temos ainda como afirmar se a vida no universo é algo comum, ou se somos um caso único, mas ao menos para mim é difícil aceitar que sejamos tão somente uma bizarra flutuação estatística da natureza e que não existe mais nenhum tipo de vida no universo, nem a mais simples. Se isso for verdade, o universo será então um grande desperdício de espaço, citando Sagan novamente.

---

18 Enquanto eu fazia a revisão deste capítulo, foi descoberta a presença de fósforo nas plumas de Encélado. Com isso, o oceano subterrâneo de Encélado fez o bingo dos elementos químicos que podem formar vida simples, o CHONPS.

A existência de vida fora da Terra, a origem e a natureza da matéria e energia escura são as grandes questões a serem respondidas nas próximas décadas. Para respondê-las, precisamos acima de tudo sobreviver a nós mesmos, e acredito que conseguiremos, mesmo com algumas intercorrências eventuais. No último século, avançamos muito na compreensão de como o universo começou, evoluiu e vai seguir se transformando ao longo de incontáveis bilhões de anos, mas ainda há muito que desvendar, e ao contemplarmos o futuro da astronomia, é inevitável a sensação de que o melhor ainda está por vir.

Coleção MyNews Explica

MyNews Explica Evangélicos na Política Brasileira – Magali Cunha
MyNews Explica Eleições Brasileiras – Luis Felipe Salomão e Daniel Vianna Vargas
MyNews Explica Budismo – Heródoto Barbeiro
MyNews Explica Pesquisas Eleitorais – Denilde Holzhacker
MyNews Explica a Rússia Face ao Ocidente – Paulo Visentini
MyNews Explica Sistema Imunológico e Vacinas – Gustavo Cabral
MyNews Explica Como Morar Legalmente nos Estados Unidos – Rodrigo Lins
MyNews Explica o Diabo – Edin Sued Abumanssur
MyNews Explica Política nos EUA – Carlos Augusto Poggio
MyNews Explica Fake News na Política – Rodrigo Augusto Prando; Deysi Oliveira
MyNews Explica Exoplanetas – Salvador Nogueira
MyNews Explica Algoritmos – Nina da Hora
MyNews Explica Economia – Juliana Inhasz
MyNews Explica Buracos Negros – Thaisa Storchi Bergmann
MyNews Explica Como Ter Dinheiro Para Vida Toda – Mara Luquet

Próximos lançamentos

MyNews Explica Negacionismo – Sabine Righetti e Estevão Gamba
MyNews Explica Sistemas de Governo – Denilde Holzhacker
MyNews Explica Interculturalidade – Welder Lancieri Marchini
MyNews Explica Integralismo – Leandro Gonçalves; Odilon Caldeira Neto

MyNews Explica Comunismo e Socialismo – Rodrigo Prando
MyNews Explica a Inflação – André Braz
MyNews Explica Relações Internacionais – Guilherme Casarões
MyNews Explica Nacionalismo x Globalização: a polarização do nosso tempo – Daniel Souza e Tanguy Baghadadi
MyNews Explica HIV ou A Cura da Aids – Roberto Diaz
MyNews Explica Comportamento e Saúde Financeira – Jairo Bouer
Mynews Explica Galáxias Distantes – Ricardo Ogando
Mynews Explica Democracia – Creomar Souza
MyNews Explica Trabalho e Burnout – Jairo Bouer